普通高等院校机电工程类规划教材

材料成型技术基础
（第2版）

孙方红　徐萃萍　主编

清华大学出版社

北京

内 容 简 介

本书共分7章,内容包括金属材料与热处理、金属液态成型、金属塑性成型、连接成型、粉末冶金成型、非金属材料成型、材料成型方法的选择。本书较为系统地论述了各种成型方法的基本原理、工艺特点和适用范围,以及合理地进行零件结构设计的工艺原则;同时对有关新工艺、新技术和新方法也作了简要介绍。每章后附有适量的复习思考题。

本书可作为高等工科院校机械类、近机类专业教材,也可作为高等工业专科学校、职工大学等机械类专业的教材,还可供工程技术人员参考。

图书在版编目(CIP)数据

材料成型技术基础/孙方红,徐萃萍主编.—2版.—北京:清华大学出版社,2019.12(2024.8重印)
普通高等院校机电工程类规划教材
ISBN 978-7-302-54141-7

Ⅰ.①材…　Ⅱ.①孙…②徐…　Ⅲ.①工程材料－成型－高等学校－教材　Ⅳ.①TB3

中国版本图书馆 CIP 数据核字(2019)第 257514 号

责任编辑:冯　昕
封面设计:傅瑞学
责任校对:王淑云
责任印制:杨　艳

出版发行:清华大学出版社
　　　　网　　　址:https://www.tup.com.cn, https://www.wqxuetang.com
　　　　地　　　址:北京清华大学学研大厦 A 座　　　　邮　　编:100084
　　　　社 总 机:010-83470000　　　　邮　　购:010-62786544
　　　　投稿与读者服务:010-62776969,c-service@tup.tsinghua.edu.cn
　　　　质量反馈:010-62772015,zhiliang@tup.tsinghua.edu.cn
印 装 者:北京鑫海金澳胶印有限公司
经　　销:全国新华书店
开　　本:185mm×260mm　　　印　张:10.5　　　字　数:255 千字
版　　次:2013 年 10 月第 1 版　2019 年 12 月第 2 版　印　次:2024 年 8 月第 5 次印刷
定　　价:36.00 元

产品编号:084376-01

前　　言

　　根据国家教育部机械基础课程教学指导分委员会工程材料及机械制造基础课程教学指导组颁布的《普通高等学校工程材料及机械制造基础系列课程教学基本要求》，结合《高等教育面向 21 世纪机械类教学内容和课程体系改革》的需要，作者在多年教学经验的基础上编写了《材料成型技术基础》，于 2016 年获第二届全国煤炭行业优秀教材一等奖。

　　本书是在 2013 年清华大学出版社出版的普通高等教育"十二五"规划教材《材料成型技术基础》基础上进行了修订，主要在以下几个方面作了改进：

　　(1) 增加新内容。根据高等学校对本课程的基本要求，做到知识连贯、内容充实、重点突出，便于学生理解和掌握。

　　(2) 叙述清晰简练，语言流畅。作者对问题的阐述、相关内容的联系等作了很多修改，力求简洁明了、语言流畅和全书内容连贯。

　　(3) 注重工程素质与创新思维能力的提高。在第 1 版教材的基础上，对教材内容作了一定增删，对理论性强的内容作了删改，力争使学生做到"易学够用"，且有利于提高学生工程素质与创新思维能力。

　　本书由孙方红、徐萃萍主编，孙方红编写第 1、2、3、4 章和第 5 章，徐萃萍编写第 6 章和第 7 章；由大连理工大学梁延德教授担任主审。

　　本书在编写过程中得到了各院校有关领导和同志的支持和帮助，并引用了有关教材、手册及相关文献，在此一并表示感谢。

　　本书可作为高等工科院校机械类、近机类专业教材，也可作为高等工业专科学校、职工大学等机械类专业的教材，还可供工程技术人员参考。

　　尽管作者作了很大努力，但受编者理论水平和教学经验所限，书中难免有缺点和不足之处，敬请读者批评指正。

作　者

2019 年 6 月

目　录

第1章 金属材料与热处理

1.1 金属的晶体结构与结晶

1.1.1 金属的晶体结构

1. 金属的晶体结构

金属材料的性能与晶体结构的特征有关,同时,热处理过程中的相变和扩散也与晶体结构有关。因此,研究晶体结构对于深入揭示金属性能变化的实质和研究固态相变过程都有重要意义。

1) 晶格与晶胞

在金属晶体中,原子按一定规律在空间有规则地紧密堆垛在一起,如图 1-1(a)所示。为了便于分析各种晶体的原子排列规律,常用假想的线将各原子的中心点连接起来,形成一个三维的空间格子。这种表示晶体中原子排列形式的空间格子称为晶格,如图 1-1(b)所示。组成晶格的基本几何单元称为晶胞,如图 1-1(c)所示。

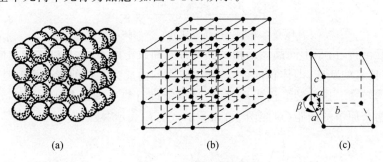

(a)　　　　　　　　　(b)　　　　　　　　　(c)

图 1-1　金属晶体结构

(a) 简单立方晶体;(b) 晶格;(c) 晶胞

2) 典型的金属晶格类型

典型的金属晶格类型有体心立方、面心立方和密排六方三种。

(1) 体心立方晶格。体心立方晶格的晶胞是 8 个原子构成的立方体,且在其体中心尚有 1 个原子,如图 1-2 所示。具有这类晶格的金属有 Na、K、Cr、Mo、W、V、Nb、α-Fe 等。

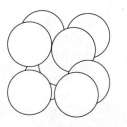

图 1-2　体心立方晶格

(2) 面心立方晶格。面心立方晶格的晶胞也是一个立方体,在晶胞的 6 个面的中心各有 1 个原子,而在其体中心则没有原子,如图 1-3 所示。具有这类晶格的金属有 Au、Ag、Al、Cu、Ni、Pb、γ-Fe 等。

(3) 密排六方晶格。密排六方晶格的晶胞是由 12 个原子构成的六方柱体,体中心还有

3 个原子,上、下两个六方底面的中心各有 1 个原子,如图 1-4 所示。具有这类晶格的金属有 Mg、Zn、Be、Ca、α-Ti、α-Co 等。

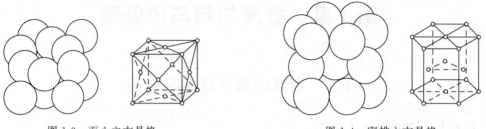

图 1-3　面心立方晶格　　　　　　　　　　　　　图 1-4　密排六方晶格

2. 金属的同素异构转变

许多金属在固态下只有一种晶体结构,如 Al、Cu、Ag 等在固态时为面心立方晶格。W、Mo、V 等金属则为体心立方晶格。但有些金属如 Fe、Mn、Ti、Co、Sn 等,在不同温度(或压力)时,具有两种或几种晶体结构,即具有同素异构现象。同一金属在一定温度下发生晶体结构变化的现象称为同素异构转变。

纯铁在固态下发生两次同素异构转变。纯铁的熔点(或凝固点)为 1538℃,其冷却曲线如图 1-5 所示。可以看到在 1394℃ 及 912℃ 出现平台,配合 X 射线结构分析,证明在这两个温度发生不同的同素异构转变,其变化过程如下:

$$\delta\text{-Fe} \xrightarrow{1394℃} \gamma\text{-Fe} \xrightarrow{912℃} \alpha\text{-Fe}$$
（体心立方）　　（面心立方）　　（体心立方）

通过实验测得,由于不同晶体结构的晶格常数和致密度不同,当纯铁发生同素异构转变时,将伴随有比容的跃变,即体积的突变,产生较大的内应力。钢的成分主要是铁,所以钢也存在同素异构转变。这种转变极为重要,它是钢能进行热处理的基础。图 1-5 中 a 是金属晶体中相邻两个原子的间距(对照图 1-1,$a \approx b \approx c$),L 表示"液态"。

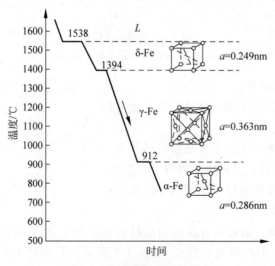

图 1-5　纯铁的同素异构转变

1.1.2　金属的结晶

由液态转变为固态的过程称为凝固。由于凝固后的金属是晶体,所以此过程称为结晶。研究金属结晶的过程,掌握有关规律和影响结晶的因素,对于改善金属的组织和提高材料的性能具有重要意义。

1) 金属结晶的基本规律

(1) 过冷现象。用热分析法测出的纯金属的温度随时间的变化过程,称为冷却曲线,如图 1-6 所示。理论上,纯金属的熔化和结晶应在同一温度进行,这一温度称为理论结晶温度或平衡结晶温度(T_0)。在此温度下,由液态转变为固态和由固态转变为液态的可能性相同,从宏观上看,既不结晶,也不熔化,晶体与液体处于动平衡状态。因此,T_0 是两态共存的温度,即冷却曲线上出现水平台阶的温度。由此可知,欲使液态金属结晶成固态,必须冷却到 T_0 以下某一温度时才能进行。金属结晶实际进行的温度称为实际结晶温度(T_n)。

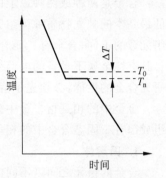

图 1-6　纯金属的冷却曲线

结晶过程中,T_n 总是低于 T_0 的现象称为过冷现象。T_0 与 T_n 的差值 ΔT 称为过冷度,即 $\Delta T = T_0 - T_n$。ΔT 不是一个恒定值,它与金属的性质、冷却速度及液体纯度等因素有关。同一金属从液态冷却时,冷却速度越大,过冷度也越大,结晶的倾向也越大。过冷是金属结晶的必要条件。

(2) 结晶的一般过程。金属结晶的过程是晶核形成与长大的过程。晶核的形成是液体从高温冷却到结晶温度的过程中,随时都在不断地产生许多类似晶体中原子排列的小集团,成为结晶的核心。晶核的形成包括自发形核和非自发形核。一般自发与非自发形核是同时存在的,实际生产中,金属或合金的结晶主要是非自发形核。晶核长大的实质是液体中的金属原子向晶核表面迁移的过程,换句话说,就是晶体界面向液体推进的过程。

2) 金属结晶后晶粒的大小及控制

金属结晶后,其晶粒大小(即单位体积中晶粒数目的多少)对金属材料的力学性能有很大的影响。晶粒越细,不仅其强度、硬度越高,而且塑性和韧性也越好。工业中常用细化晶粒的方法主要有下面三种。

(1) 过冷度。过冷度取决于冷却速度,提高金属结晶时的冷却速度的方法很多,如降低浇注温度,采用金属模、连续铸造等。但是,用增加冷却速度来细化晶粒往往只适用于小件或薄件,对壁厚稍大的铸锭或铸件难以办到。因此工业上常采用其他途径细化晶粒,如下所述。

(2) 变质处理。变质处理就是在液态金属中有意地加入一定量的某些物质,以获得细小晶粒的方法。所加入的物质称为变质剂,其作用是促进非自发形核或抑制晶体的长大。例如,向铸钢液中加入少量的铝、钒、钛、锆等;向铸铁液中加入石墨粉、硅铁合金;向铝合金中加入钛、钠盐等,都是进行变质处理的实例。

(3) 振动或搅动。生产上采用的机械振动、超声波、电磁搅拌、压力浇注或离心浇注等方法,其目的都是加强液态金属的相对运动,从而促进形核,提高形核率;同时能打碎正在生长的枝晶,破碎的枝晶起晶核作用,从而获得细小晶粒。

1.2 合金与铁碳合金

1.2.1 合金的基本概念和结构

合金是两种或两种以上的金属或金属与非金属组成的具有金属特性的物质。组成合金的最基本的独立物质称为组元。组元可以是金属、非金属元素或金属化合物。依照合金中组元数的不同,合金有二元合金、三元合金或多元合金等,所以合金具有比较好的力学性能,且具有纯金属不具备的电、磁、耐热、耐蚀等特殊性能。合金比纯金属的应用更广泛。为了研究合金的性能,必须先了解合金的结构。

合金中的相是指合金中化学成分相同、晶体结构相同并有界面与其他部分分开的均匀组成部分。固态合金中的相可按其结构特点分为固溶体和金属化合物两种基本类型。

1. 固溶体

合金的组元之间以不同比例相互混合,混合后形成的固相晶体结构与组成合金的某一组元相同,这种相称为固溶体。这种组元称为溶剂,其他组元即为溶质。工业上使用的金属材料,绝大部分是以固溶体为基体的,有的完全是固溶体组成的。例如广泛应用的碳钢和合金钢,均以固溶体为基体相,其含量占组织中的绝大部分。按溶质原子在溶剂晶格中的分布情况,固溶体可分为置换固溶体和间隙固溶体。

固溶体虽保持溶剂的晶格类型,但由于溶质与溶剂原子直径不同,必将导致溶剂的晶格产生畸变。原子半径之差越大,溶质原子溶入的量越多,晶格畸变越严重。晶格畸变使滑移变形难以进行,因而,通过溶质原子的溶入形成固溶体可以提高合金的强度、硬度,这一现象称为固溶强化,它是材料的重要强化途径之一。固溶强化的效果与溶质浓度有关。由于间隙原子在晶格中造成的畸变较大,所以间隙固溶体强化效果好。

2. 金属化合物

金属化合物是各种元素按一定比例形成的具有金属特性的新相,它的晶体类型不同于任一元素。金属化合物主要有正常价化合物、电子化合物和间隙化合物三种。其中,依照晶体结构和组成元素原子半径的比值,可将间隙化合物分为两类,当 $r_{非}/r_{金} < 0.59$ 时,形成具有简单晶格的间隙化合物,也称间隙相,如 WC、VC、TiC 等。它们都具有极高的熔点和硬度,且十分稳定,是高合金工具钢中的重要硬化相。当 $r_{非}/r_{金} > 0.59$ 时,形成具有复杂晶格的间隙化合物,如 Fe_3C、Mn_3C、$Cr_{23}C_6$ 等,其中 Fe_3C 是铁碳合金中的重要组成相。这一类间隙化合物也具有很高的熔点和硬度,但比间隙相稍低些,在钢中也起强化作用。金属化合物是许多重要工业合金的强化相,它的合理存在,对材料的强度、硬度、耐磨性、红硬性等具有极为重要的影响。

3. 机械混合物

在大多数工业用合金中,无论是固溶体还是金属化合物,它们单独存在的情况都不多。这是因为单一的固溶体强度还不够高,而金属化合物虽有很高的硬度,但脆性太大。如果两者适当配合,形成两种固溶体或固溶体和金属化合物所组成的机械混合物,则可获得良好的力学性能,从而满足各种不同的使用要求。

机械混合物是合金的组织之一,它的力学性能可根据两相的相对数量用算术平均值大致估算,但混合物组元的形状、大小及分布状态对性能也有很大的影响。

1.2.2 铁碳合金相图

钢铁是国民经济的重要物质基础,是现代机械制造工业中应用最广泛的金属材料。碳钢和铸铁的基本组元都是铁和碳,故统称为铁碳合金。为了合理使用钢铁材料,正确制订加工工艺,必须研究铁碳合金的成分、组织和温度之间的关系。铁碳合金状态图是研究这些关系的重要工具和理论基础。

铁和碳可形成一系列化合物,如 Fe_3C、Fe_2C、FeC 等,因此,整个铁碳合金状态图应由 $Fe-Fe_3C$、Fe_3C-Fe_2C、Fe_2C-FeC 及 $FeC-C$ 等二元相图构成。由于含碳量大于 5% 的铁碳合金脆性极大,没有实用价值,因此,研究铁碳合金时,仅研究 $Fe-Fe_3C$ 状态图,如图 1-7 所示为简化的 $Fe-Fe_3C$ 状态图。

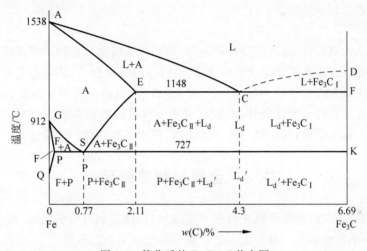

图 1-7 简化后的 $Fe-Fe_3C$ 状态图

1.2.3 铁碳合金的基本组织

$Fe-Fe_3C$ 状态图中的组元是纯铁和 Fe_3C。一般来说,铁是不纯净的,都含有杂质。工业纯铁虽然塑性好,但强度低,所以很少用它制造机器零件。在纯铁中加入少量的碳,会使强度和硬度明显提高,原因是铁和碳相互结合,形成不同的合金相和组织,主要有以下几种。

1. 铁素体

碳在 α-Fe 中的间隙固溶体称为铁素体,常用符号 F 表示。铁素体具有体心立方晶格结构,其溶碳能力很低,在 727℃时,最大溶解度为 0.0218%,在室温时仅为 0.0008%。所以铁素体的性能接近于纯铁,即强度、硬度低($\sigma_b = 250\text{MPa}$,80HBS),塑性、韧性高($\delta = 50\%$,$\psi = 80\%$,$a_K = 2.0\text{J/cm}^2$)。

2. 奥氏体

碳在 γ-Fe 中的间隙固溶体称为奥氏体,常用符号 A 表示。奥氏体具有面心立方晶格结构,由于面心立方晶格原子间的间隙比体心立方晶格大,因此它的溶碳能力比 α-Fe 大。在 1148℃时,其最大溶解度达 2.11%,在 727℃时为 0.77%。奥氏体的性能与其溶碳量及晶粒大小有关,其强度、硬度较低(σ_b=400MPa,170~220HBS),塑性、韧性较高(δ=40%~50%),因此奥氏体组织适用于压力加工。

3. 渗碳体

渗碳体即 Fe_3C,熔点约为 1227℃。其含碳量高,为 6.69%。它是一种具有复杂结构的间隙化合物。渗碳体的结构决定它具有极高的硬度和脆性,其力学性能大约为 σ_b=30MPa,δ=0%,a_K=0,950~1050HV。渗碳体在钢和铸铁中一般呈片状、网状或球状存在。它的尺寸、形状和分布对钢的性能影响很大,是铁碳合金的重要强化相。

4. 珠光体

珠光体是铁素体与渗碳体的机械混合物,也称为共析体,常用符号 P 表示。其含碳量为 0.77%,它的性能介于铁素体和渗碳体两者之间,其力学性能大约为 σ_b=750~850MPa,δ=20%~30%,180~230HBS,a_K=0.3~0.4J/cm²,是一种综合力学性能较好的组织,因此适用于压力加工和切削加工。

5. 莱氏体

莱氏体是指由奥氏体(或其转变的产物)与渗碳体组成的混合物。莱氏体分为高温莱氏体和低温莱氏体。高温莱氏体是含碳量大于 2.11% 的铁碳合金,从液态冷却到 1148℃时,同时结晶出奥氏体和渗碳体的共晶体,用符号 L_d 表示;低温莱氏体是指在 727℃ 以下,高温莱氏体中的奥氏体将转变为珠光体,形成珠光体和渗碳体的混合物,用符号 L'_d 表示。莱氏体中由于存在大量渗碳体,其性能与渗碳体相似,即硬度高、脆性大、塑性差。

1.3 金属材料热处理

所谓金属的热处理,是将金属在固态下通过加热、保温和冷却的方法,使其内部组织发生变化,以获得所需性能的一种加工工艺。它与其他加工工艺不同,它不改变工件的形状和尺寸,而只改变其组织和性能。因此,热处理的目的就是为了改善钢的性能,如加工工艺性能、力学性能或其他的特殊性能,从而充分发挥材料的潜力,提高产品的质量,延长使用寿命。

根据热处理的目的以及加热和冷却方法的不同,将其分为普通热处理(退火、正火、淬火、回火)和表面热处理(表面淬火、化学热处理)两类。

在机械工业中,热处理占有十分重要的地位。现代机床工业中有 60%~70% 的工件,汽车、拖拉机工业中有 70%~80% 的工件要进行热处理,尤其是轴承和各种工具、模具几乎全部经过热处理,以获得最佳的使用性能。

1.3.1 钢在加热时的组织转变

1. 转变温度

为了区别加热和冷却时的实际转变温度,通常将加热时的临界点标以字母"c",如 Ac_1、Ac_3 和 Ac_{cm};冷却时的临界点标以字母"r",如 Ar_1、Ar_3 和 Ar_{cm},如图 1-8 所示。

2. 奥氏体的形成

由图 1-8 可知,钢被加热到 Ac_1 时将发生珠光体向奥氏体的转变。亚共析钢加热到 Ac_3 线以上或过共析钢被加热到 Ac_{cm} 以上时,钢的组织将完全转变为奥氏体。

共析碳钢的奥氏体化过程如图 1-9 所示。

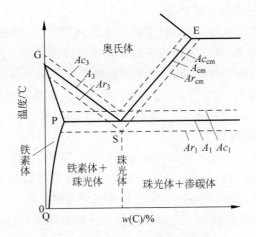

图 1-8　加热与冷却时 Fe-Fe$_3$C 相图上各临界点的位置

(1) 界面形核。在珠光体组织的铁素体与渗碳体相界面处，原子排列比较紊乱，位错、空位的密度较高，容易获得形成奥氏体的能量和浓度。因此，相界面处常优先形成奥氏体晶核，如图 1-9(a)所示。

(2) 奥氏体晶核长大。奥氏体晶核形成之后，相邻的铁素体晶格将不断地改组成奥氏体晶格，相邻的渗碳体将不断地向奥氏体晶核中溶解。因此，奥氏体晶核将向相邻铁素体和渗碳体两个方向长大，如图 1-9(b)所示。

(3) 未溶 Fe$_3$C 溶解。因为铁素体的晶格结构和碳浓度比渗碳体更接近奥氏体，所以铁素体相常常首先完成向奥氏体转变。在新形成的奥氏体晶粒内部仍残存有未溶的渗碳体，如图 1-9(c)所示。保温一定时间后，未溶渗碳体才能溶解消失。

(4) 奥氏体均匀化。未溶渗碳体刚刚被溶解完时，奥氏体的成分还很不均匀，原渗碳体处的碳浓度高，原铁素体处的碳浓度低。因此，需要再保温一段时间，奥氏体的成分才逐渐趋于均匀，如图 1-9(d)所示。

加热和保温的目的是为了获得均匀的奥氏体组织。

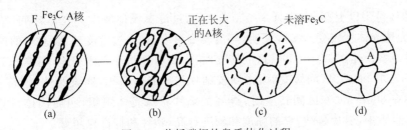

图 1-9　共析碳钢的奥氏体化过程
(a) 界面形核；(b) A 核长大；(c) 未溶 Fe$_3$C 溶解；(d) A 均匀化

1.3.2　钢在冷却时的组织转变

钢经加热、保温后，获得细小的、均匀的奥氏体，然后以不同的方式冷却下来，至 A_1 以下过冷的奥氏体发生组织转变。奥氏体转变后所获得的组织与转变温度和冷却方式有关。

热处理工艺中有两种冷却方式：

(1) 连续冷却。将已奥氏体化的钢,在连续冷却过程中,使奥氏体发生组织转变,这种冷却方式叫连续冷却。退火、正火和淬火等都是在温度连续下降过程中完成组织转变。

(2) 等温冷却。将已奥氏体化的钢,冷却到相变点以下某个温度保持等温,使过冷奥氏体在该温度下发生组织转变,这种冷却方式叫等温冷却。等温淬火是在某个温度完成组织转变。

1. 过冷奥氏体的等温转变

(1) 等温转变图的建立。过冷奥氏体在不同过冷度下的等温过程中,转变温度、转变时间与转变产物量(转变开始及转变终了)的关系曲线图称为等温转变图(称"TTT 图",T—time,T—temperature,T—transformation,又称为"C 曲线")。

(2) 等温转变过程。共析碳钢的过冷奥氏体在不同温度区间,可发生三种不同的转变。如图 1-10 所示。

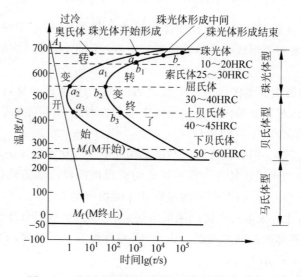

图 1-10　共析碳钢的过冷奥氏体等温转变曲线图

在 C 曲线鼻尖以上部分,即 A_1~550℃之间,过冷奥氏体发生珠光体转变,转变产物是珠光体,称为珠光体型转变。实践证明,等温转变温度越低,过冷度越大,获得的珠光体组织越细小。过冷奥氏体在 A_1~650℃区间转变时,得到粗片状珠光体组织,用符号 P 表示;过冷奥氏体在 650~600℃区间转变时,得到较细片状珠光体组织,叫索氏体,用符号 S 表示;过冷奥氏体在 600~550℃区间转变时,得到最细片状珠光体组织,叫屈氏体,用符号 T 表示。珠光体组织中,层片越细,它的强度和硬度越高,塑性和韧性也越好。

在 C 曲线鼻尖以下部分,大约 550℃~M_s 点之间,过冷奥氏体发生贝氏体转变,转变产物是贝氏体,称为贝氏体型转变。贝氏体转变又分为两种。过冷奥氏体在 550~350℃区间转变时,得到上贝氏体组织,用符号 $B_上$ 表示;过冷奥氏体在 350℃~M_s 点之间转变时,得到下贝氏体组织,用符号 $B_下$ 表示。

如果过冷奥氏体迅速冷却到 M_s 点(对共析钢 M_s 点的温度是 230℃)以下,这时只有面心立方晶格的 γ-Fe 转变为体心立方晶格的 α-Fe,而碳原子已不能扩散,使 α-Fe 中溶有过饱和的 C。这种 C 在 α-Fe 中的过饱和固溶体,称为马氏体,用符号 M 表示。过冷奥氏体发生的这种转变称为马氏体型转变。与此同时往往有残留未转变的奥氏体存在,称为残余奥氏体,用符号 A′ 表示。马氏体具有很高的硬度和强度,塑性和韧性则根据马氏体中含碳量而定,含碳量低于 0.35% 的马氏体有较好的塑性和韧性。

2. 奥氏体的连续冷却转变

用连续冷却的方法可测出共析碳钢的连续冷却转变曲线("CCT 曲线",C—continuous,C—cooling,T—transformation),如图 1-11 所示。图中 P_s 线为过冷奥氏体转变成珠光体型的开始线;P_f 线为过冷奥氏体全部转变为珠光体型的终了线;K 线为珠光体转变中止线,当冷却曲线碰到 K 线时,过冷奥氏体便终止向珠光体的转变,继续冷却到 M_s 点以下时,开始转变为马氏体。在连续冷却过程,马氏体量不断增多,直至 −50℃ 时,过冷奥氏体停止向马氏体转变。

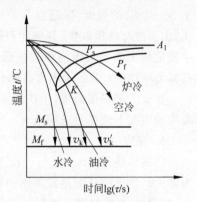

图 1-11　共析碳钢的连续冷却
转变曲线图

v_k 称为上临界冷却速度(或称马氏体临界冷却速度),它是获得全部马氏体组织的最小冷却速度。v_k' 称为下临界冷却速度,它是获得全部珠光体型组织的最大冷却速度。图中标出了不同冷却速度的冷却曲线。共析钢连续冷却转变曲线较等温转变曲线向右下方移一些,并且没有贝氏体相变区域。

由于连续冷却转变曲线的测定比较困难,而且目前等温转变曲线的资料又比较多,所以生产实践中,常利用等温转变图来定性地分析钢在连续冷却时的转变情况。使用时,可将连续冷却曲线画在此种钢的 C 曲线上,根据它与 C 曲线所交的位置,可以大致估计出所得的组织和性能。

1.3.3　钢的普通热处理

1. 退火

将金属或合金加热到适当温度,保温一定时间,然后随炉缓慢冷却,以获得接近平衡状态组织的热处理工艺称为退火。退火的目的是为了降低硬度,便于切削加工;细化晶粒,改善组织,提高力学性能;消除内应力,稳定尺寸,减少淬火变形和开裂。退火通常安排在冷加工或最终热处理前进行,作为预先处理工序。退火可分为完全退火、球化退火、去应力退火等。

(1) 完全退火。完全退火是指将钢加热到 Ac_3(指加热时先共析铁素体全部转变为奥氏体的终了温度)以上 30~50℃,保温一定时间,然后随炉缓慢冷却的热处理工艺。完全退火主要用于亚共析钢的铸件、焊接件、锻件和轧件等。如 45 钢的完全退火工艺是将工件加热到 870℃ 左右,保温一定时间,然后随炉冷至室温(操作时一般冷至 300℃ 左右出炉空冷)。

(2) 球化退火。球化退火是将钢件加热到 Ac_1(指加热时珠光体向奥氏体转变的温度)以上 20~30℃,充分保温使未熔二次渗碳体球化,然后随炉缓慢冷却的热处理工艺。球化退火主要用于高碳工具钢、模具钢、轴承钢。如 T10 钢球化退火工艺是将工件加热到 750℃ 左右,保温一定时间后炉冷至 300℃ 左右出炉空冷。

(3) 去应力退火。去应力退火是将工件加热到 500~600℃,经保温一定时间随炉缓慢冷却至300℃左右后空冷至室温,又称低温退火。在去应力退火过程中,钢的组织不发生变化,只是消除内应力。去应力退火主要应用于消除铸件、焊接结构件以及热加工后零件的内应力,以防止和减小工件在使用或加工过程中产生变形和开裂。

2. 正火

正火是将钢加热到Ac_3(或Ac_{cm},即加热时二次渗碳体全部溶入奥氏体的终了温度)以上30～50℃的温度,保温后从炉中取出在空气中冷却的一种热处理方法。正火与退火相比,由于冷却速度较快,其强度和硬度比退火高,而塑性和韧性稍有降低。所以,生产中正火主要应用于改善低碳钢和某些低合金钢的切削加工性能;消除铸钢件内部粗大的晶粒,提高其力学性能;对要求不太高的普通构件,正火可作为最终热处理。

正火工艺操作简单,生产周期短,生产率高,成本低,因此在能满足工件力学性能及加工要求的情况下应尽量采用正火。

3. 淬火

将钢加热到Ac_3(或Ac_1)以上30～50℃,保温后在水或油中快速冷却的热处理工艺称为淬火。淬火的目的是提高钢的硬度和耐磨性。它是强化钢材的最重要的热处理方法。

(1) 淬火加热温度和保温时间的选择。淬火的加热温度主要取决于化学成分,不同钢种的淬火温度可在热处理手册中查到。淬火加热温度过高,会使钢性能变坏;温度过低,淬火后硬度不足。保温时间长短与加热设备和工件有关,保温时间不足使淬火后工件硬度不足;若时间过长,则淬火后钢的晶粒粗大且变脆,表面氧化脱碳程度严重,影响其淬火质量。

(2) 淬火介质的选择。淬火过程是冷却非常快的过程。为了得到马氏体组织,淬火冷却速度必须大于临界冷却速度。但是,冷却速度快必然产生很大的淬火内应力,这往往会引起工件变形与开裂。淬火冷却速度取决于冷却介质的选择。常用的淬火冷却介质是水、油、盐水和碱水。盐水或水溶液冷却速度快,一般用于形状简单的碳钢件;油的冷却速度较慢,一般用于形状复杂的合金钢件。总之,使用何种介质可依据零件材质、形状、大小以及该件热处理技术要求等来选择。

淬火操作过程中除了淬火加热温度、保温时间和正确选择淬火介质外,还要注意工件浸入冷却介质的方式。如果浸入方式不当,会使工件冷却不均,造成很大的内应力,引起变形或开裂。操作中对于厚薄不均的零件,厚的部分先浸入;细长或薄而平的工件垂直浸入;截面不均的工件应斜着放下去,使工件各部分的冷却速度趋于一致;有不通孔的零件应孔朝上浸入,以利于孔内空气排除,等等。

(3) 淬火方法。采用适当的淬火方法可以弥补冷却介质的不足,常见的淬火方法有以下几种:

① 单液淬火法。是指将加热工件在一种介质中连续冷却到室温的淬火方法。适用于形状简单的碳钢和合金钢工件。该方法操作简单,易实现机械化,应用较广。

② 双液淬火法。是指将加热工件先在一种冷却能力强的介质中冷却躲过C曲线"鼻尖"后再转入另一种冷却能力较弱的介质中发生马氏体转变的方法。常用的如水淬油冷、油淬空冷等。其优点是冷却比较理想,缺点是在第一种介质中的停留时间不易掌握,需要具有实践经验。主要用于形状复杂的碳钢工件及大型合金钢工件。

③ 分级淬火法。是指将加热工件在M_s点附近的盐浴或碱浴中淬火,待工件内外温度均匀后再取出随炉缓慢冷却的淬火方法。可显著降低工件的内应力,减少变形或开裂的倾

向,主要用于尺寸较小,形状复杂的工件。

④ 等温淬火法。是指将加热工件在稍高于 M_s 温度的盐浴或碱浴中保温足够长时间,从而获得下贝氏体组织的淬火方法。经等温淬火的零件具有良好的综合力学性能,淬火应力小,适用于形状复杂及尺寸精度要求较高的零件。

4. 回火

将淬火钢加热到 Ac_1 以下某一温度,保温一定时间,然后冷却到室温的热处理工艺称为回火。淬火后的钢件一般不能直接使用,必须进行回火后才能使用。因为淬火钢的硬度高、脆性大,直接使用常发生脆断。回火的主要目的是降低脆性,减小或消除内应力,防止工件产生变形与开裂;稳定工件组织和尺寸,以保证工件在使用过程中不再发生尺寸和形状的变化;降低硬度,以利于切削加工。

根据回火温度的不同,可将回火分为低温回火、中温回火及高温回火三大类,见表 1-1。

表 1-1　常用回火方法及其应用

回火方法	回火温度/℃	力 学 性 能	应 用 范 围	大 致 硬 度
低温回火	150~250	高的硬度、耐磨性	刃具、量具、冷冲模、滚动轴承等	58~64HRC
中温回火	350~500	高的弹性、韧性	弹簧及热锻模具等	35~50HRC
高温回火	500~650	良好的综合力学性能	连杆、螺栓、齿轮及轴等	20~30HRC

1.3.4　钢的表面热处理

在机械制造业中,许多机器零件在扭转或弯曲等交变载荷、冲击载荷下工作,因而要求这些零件表面具有高的硬度和耐磨性,心部具有足够的塑性和韧性。如果选用高碳钢,虽然能获得足够的硬度,但心部韧性不足;若选用低碳钢,心部韧性虽好,但表面硬度低,不耐磨。为了满足上述要求,在工业上采用表面热处理,它是指仅对工件表层进行热处理以改变其组织和性能的工艺。表面热处理又分表面淬火和表面化学热处理。

1. 表面淬火

表面淬火是利用快速加热使零件表面很快达到淬火温度并迅速予以冷却,以获得表层高硬度的淬火组织,而心部仍为淬火前组织的热处理工艺。常用的表面淬火方法有感应加热表面淬火和火焰加热表面淬火。

感应加热表面淬火是利用感应电流通过工件所产生的热效应,使工件表面迅速加热到淬火温度并快速冷却的一种淬火方法。根据所用电流频率的不同可分为:①高频加热淬火,频率为 200~300kHz,淬硬层小于 2mm,适用于要求淬透层较薄的中、小尺寸的轴类零件及中、小模数齿轮等零件的表面淬火;②中频加热淬火,频率为 2500~8000Hz,淬硬层为 2~8mm,适用于直径较大的轴类或大、中模数齿轮等零件的表面淬火;③工频加热淬火,频率为 50Hz,淬硬层深度在 10~20mm,适用于大直径零件,如轧辊、火车轮的表面淬火。

火焰加热表面淬火是利用氧-乙炔或其他可燃气直接加热工件表面至淬火温度,然后立即喷水冷却的方法。火焰表面淬火方法简便,不需特殊设备,适用于单件或小批量零件淬火;但由于加热温度不易控制、工件表面易过热、淬火质量不够稳定等因素,限制了它在机械制造中的广泛应用。

2. 表面化学热处理

将钢件置于化学介质中加热和保温,使介质中的某些元素渗入钢件表面,改变表面层的化学成分和组织的过程叫做表面化学热处理。

表面化学热处理的目的是通过改变表面层的化学成分和组织,从而提高钢件的表面硬度、耐磨性或抗蚀性,而钢件心部组织基本保持不变。

表面化学热处理的方法很多,已用于生产的有渗碳、渗氮、碳氮共渗、渗硼、渗硅、渗硫、渗铬、渗铝等。

另外,随着工业及科学技术的发展,热处理工艺在不断改进,近 20 多年来发展了新的热处理工艺,如真空热处理、可控气氛热处理、形变热处理、激光热处理和电子束表面淬火等。

1.4　常用的金属材料

1.4.1　钢

工业中把含碳量在 $0.02\%\sim2.11\%$ 的铁碳合金称为钢。由于钢具有良好的力学性能和工艺性能,因此在工业中获得了广泛的应用。

1. 钢的分类

钢的种类很多,分类的方法也很多。常用的分类方法有以下几种:

(1) 按化学成分可分为碳素钢和合金钢。

① 碳素钢:根据含碳量的多少可分为低碳钢($w_C<0.25\%$)、中碳钢($w_C=0.25\%\sim0.60\%$)、高碳钢($w_C>0.60\%$);

② 合金钢:按加入的合金元素含量多少可分为低合金钢($w_{Me}<5\%$)、中合金钢($w_{Me}=5\%\sim10\%$)、高合金钢($w_{Me}>10\%$)。

(2) 按用途可分为结构钢、工具钢和特殊性能钢。

① 结构钢:可分为工程结构用钢和机器零件用钢;

② 工具钢:用于制作各类工具,包括刃具钢、量具钢、模具钢;

③ 特殊性能钢:可分为不锈钢、耐热钢、耐磨钢。

(3) 按质量分为普通质量钢($w_{s.p}\leqslant0.05\%$)、优质钢($w_{s.p}\leqslant0.04\%$)、高级优质钢($w_{s.p}\leqslant0.03\%$)。

2. 钢的牌号、性能及应用

(1) 碳素钢。它又可分为普通碳素结构钢、优质碳素结构钢和碳素工具钢。

① 普通碳素结构钢:普通碳素钢的牌号表示方法通常由屈服强度"屈"字汉语拼音第一个字母(Q)、屈服点数值、质量等级符号(A、B、C、D)及脱氧方法符号(F、b、Z、TZ)等四部分按顺序组成,如 Q235-A·F,表示屈服强度为 235MPa 的 A 级沸腾钢。碳素结构钢一般以热轧空冷状态供应,主要用来制造各种型钢、薄板、冲压件或焊接结构件以及一些力学性能要求不高的机器零件。

② 优质碳素结构钢:优质碳素结构钢的牌号用"两位数字"表示。两位数字表示钢中碳的平均质量分数(含碳量)的万倍。如 45 钢,表示平均 $w_C=0.45\%$ 的优质碳素结构钢。常用的优质碳素结构钢有:15 钢、20 钢,其强度、硬度较低,塑性好,常用作冲压件或形状简

单、受力较小的渗碳件；40 钢、45 钢经适当的热处理（如调质）后，具有较好的综合力学性能，主要用于制造机床中形状简单、要求中等强度、韧性的零件，如轴、齿轮、曲轴、螺栓、螺母；60 钢、65 钢经淬火加中温回火后，具有较高弹性极限和屈强比（σ_s/σ_b），常用以制造直径小于 120mm 的小型机械弹簧。

③ 碳素工具钢：碳素工具钢可分为优质碳素工具钢和高级优质碳素工具钢两类。它的牌号用"T＋数字"表示，两位数字表示碳平均质量分数（含碳量）的千倍。若为高级优质，则需在数字后加"A"。例如 T10A 钢，表示 $w_C＝1.0\%$ 的高级优质碳素工具钢。碳素工具钢常用的牌号为 T7、T8、…、T13，各牌号淬火后硬度相近，但随含碳量的增加，钢的耐磨性增加，韧性降低。因此，T7、T8 钢适合制作承受一定冲击的工具，如钳工錾子等；T9、T10、T11 钢适于制作冲击较小而硬度、耐磨性要求较高的小丝锥、钻头等；T12、T13 钢则适于制作耐磨但不承受冲击的锉刀、刮刀等。

（2）合金钢。为了提高钢的力学性能、工艺性能或某些特殊性能，在冶炼中有目的地加入一些合金元素，这种钢称为合金钢。生产中常用的合金元素有锰、硅、铬、镍、钼、钨、钒、钛等。通过合金化，大大提高了材料的性能，因此合金钢在制造机器零件、工具、模具及特殊性能工件方面，得到了广泛的应用。常用合金钢的名称、牌号及用途见表 1-2。

表 1-2　常用合金钢的名称、牌号及用途

名　　称	常用牌号	用　　途
低合金高强度结构钢	Q345、Q420	船舶、桥梁、车辆、大型钢结构、重型机械等
合金渗碳钢	20CrMnTi	汽车、拖拉机的变速齿轮、内燃机上的凸轮轴等
合金调质钢	40Cr、35MnB	齿轮、轴类件、连杆螺栓等
合金弹簧钢	65Mn、60Si2Mn	汽车、拖拉机减震板簧、$\phi25\sim30$mm 螺旋弹簧等
滚动轴承钢	GCr15	中、小型轴承内外套圈及滚动体（滚珠、滚柱、滚针）等
刀具钢	9SiCr、W18Cr4V	丝锥、板牙、冷冲模、铰刀、车刀、刨刀等
量具用钢	9Cr18	卡尺、外径千分尺、螺旋测微仪等
冷作模具钢	Cr12	大型复杂模具
热作模具钢	5CrMnMo	中、小型热锻模

1.4.2　常用铸铁

铸铁是含碳量在 $2.11\%\sim6.69\%$ 的铁碳合金，主要组成元素为铁、碳、硅，并含有较多硫、磷、锰等杂质元素。由于铸铁具有良好的铸造性能、切削加工性、减震性、耐磨性、低的缺口敏感性，并且成本较低，因此在机械工业中得到广泛的应用。

1. 铸铁的分类

（1）根据铸铁中石墨形状不同，铸铁可分为灰口铸铁（石墨呈片状）、球墨铸铁（石墨呈球状）、可锻铸铁（石墨呈团絮状）和蠕墨铸铁（石墨呈蠕虫状）等。

（2）根据铸铁中的碳的存在形式不同，可将铸铁分成白口铸铁（碳以 Fe_3C 形式存在）、灰口铸铁（碳主要是片状石墨形式存在）、可锻铸铁（碳以团絮状石墨存在）、球墨铸铁（碳以球状石墨存在）。

2. 铸铁的牌号、性能及应用

（1）灰口铸铁。灰口铸铁中碳主要以片状石墨的形式存在，断口呈暗灰色，故称灰口铸

铁。灰铸铁的牌号表示方法为"HT＋三位数字",其中"HT"是"灰、铁"两字汉语拼音的第一个字母,三位数字表示最低抗拉强度,单位为 MPa。常用的牌号为 HT100、HT150、…、HT350。灰铸铁的抗拉强度、塑性、韧性较低,但抗压强度、硬度、耐磨性较好,并具有铸铁的其他优良性能,因此广泛应用于机床床身、手轮、箱体、底座等。

(2) 球墨铸铁。球墨铸铁是石墨呈球状分布的灰口铸铁,简称球铁。球墨铸铁的牌号表示方法为"QT＋数字－数字",其中"QT"是"球、铁"两字汉语拼音的第一个字母,两组数字分别表示最低抗拉强度和最小断后伸长率,如 QT600-3,表示最低抗拉强度为 600MPa,最小断后伸长率为 3％的球墨铸铁。球墨铸铁通过热处理强化后力学性能有较大提高,应用范围较广,可代替中碳钢制造汽车、拖拉机中的曲轴、连杆、齿轮等。

(3) 可锻铸铁。可锻铸铁是用碳、硅含量较低的铁碳合金铸成白口铸铁坯件,再经过长时间高温退火处理,使渗碳体分解出团絮状石墨而成。可锻铸铁牌号表示方法为"KT'＋H(或 B,或 Z)＋数字－数字",其中"KT"是"可、铁"两字汉语拼音的第一个字母,后面的"H"表示黑心可锻铸铁,"B"表示白心可锻铸铁,"Z"表示珠光体可锻铸铁,其后两组数字分别表示最低抗拉强度和最小断后伸长率,如 KTH300-06,表示最低抗拉强度为 300MPa,最小断后伸长率为 6％的黑心可锻铸铁。可锻铸铁具有较高的强度、塑性和韧性,多用于制造受振动、强度和韧性要求较高的小型零件。

(4) 蠕墨铸铁。蠕墨铸铁的石墨呈蠕虫状,短而厚,端部圆滑,分布均匀。蠕墨铸铁的牌号表示方法为"RuT＋三位数字",其中"RuT"是"蠕、铁"两字汉语拼音的第一个字母,三位数字表示最低抗拉强度,如 RuT420,表示最低抗拉强度为 420MPa 的蠕墨铸铁。蠕墨铸铁的强度、韧性、疲劳强度等均比灰铸铁高,但比球墨铸铁低,由于其耐热性能较好,主要用于制造柴油机气缸套、气缸盖、阀体等。它是一种有发展前景的结构材料。

1.4.3　非铁材料

非铁金属的种类有很多,但工业上应用最多的非铁金属材料主要有铝、铜、铅、锌、镁、钛及其合金等。与黑色金属相比,非铁金属及其合金有许多特殊的力学性能、物理性能和化学性能,因而成为现代工业、国防、科学研究中不可缺少的工程材料。例如铝、镁、钛等金属及其合金,具有密度小、比强度高的特点,在航天航空工业、汽车制造、船舶制造等方面应用十分广泛;银、铜、铝等金属,导电性能和导热性能优良,是电气工业和仪表工业不可缺少的材料;钨、钼、铌等金属是制造在 1300℃以上使用的高温零件及电真空元件的理想材料。

非铁金属中应用最广的是铝及铝合金,仅次于钢铁材料。主要是因为它的比重小、熔点低,具有良好的导热性和导电性,且在大气中有优良的抗蚀性等。其次,铜及铜合金的应用也较广,主要由于它具有很高的导电性、导热性,优良的塑性与韧性,高的抗蚀性能等。现将常用的铝合金和铜合金的牌号、性能与用途列于表 1-3。

表 1-3　常用铝合金和铜合金的牌号、性能与用途

名　　称	牌号或代号	性 能 特 点	用　　途
铝硅合金	ZL101	铸造性能好,需热处理	形状复杂的砂型、金属型铸造和压力铸造的零件
铝锌合金	ZL401	不需要热处理	形状复杂的零件,工作温度不超过 200℃

续表

名　称	牌号或代号	性 能 特 点	用　途
普通黄铜	H62	强度较高,有一点耐蚀性,价格便宜	电气上要求导电,耐蚀及适当强度的结构件
铅黄铜	HPb59-1	切削加工性和耐磨性好	可承受冷热压力加工,适用于切削加工及冲压加工的各种结构零件
普通青铜	ZCuSn10Pb1	铸造性能好,硬度高,耐磨性好	适于铸造减磨、耐磨零件
	ZCuSn5PbZn5	铸造性能好,耐磨性和耐蚀性好,易加工和气密性好	适于铸造配件、轴承、轴套等
铝青铜	ZCuAl9Mn2	有较高的强度、耐磨性及耐蚀性,可通过热处理强化,价格比锡青铜低	制造重载、耐磨零件

复习思考题

1. 常见的金属晶格类型有哪几种? 它们的晶体结构有哪些差异?

2. 液态金属结晶的必要条件是什么? 晶粒大小对金属的力学性能有何影响?

3. 影响结晶后晶粒大小的因素是什么? 用哪些方法可获得细晶粒组织?

4. 固溶体和金属化合物的结构有何不同? 两者的性能各有何特点?

5. 比较下列名词:α-Fe 与铁素体;γ-Fe 与奥氏体;Fe_3C_I、Fe_3C_{II}、Fe_3C_{III}。

6. 默画出简化的 Fe-Fe_3C 状态图,填出各相区的相和组织组成物。

7. 过冷奥氏体在不同温度等温转变时分别获得哪些产物? 它们的性能如何?

8. 指出下列钢件正火的主要目的及正火后获得的组织:(1)20 钢齿轮;(2)45 钢小轴;(3)T12 钢锉刀。

9. 指出 $\phi20mm$ 的 45 钢经 700℃、760℃、840℃ 等温加热,保温后,水冷各获得什么组织? 其力学性能有何差别? (45 钢 Ac_1=730℃,Ac_3=780℃)

10. 45 钢经调质处理后硬度为 240HBS,若在进行 200℃ 回火,是否可使其硬度提高? 为什么? 如果 45 钢经淬火加低温回火后硬度为 57HRC,若再进行 560℃ 回火,是否可使其硬度降低? 为什么?

11. 指出下列材料的类别,平均含量及主要用途:Q235、45、20Mn、40Cr、20CrMnTi、T10A、T12、ZG200-400、HT250、QT400-10。

12. 铸铁分为哪几类? 其最基本区别是什么?

第2章　金属液态成型

2.1　金属液态成型工艺基础

2.1.1　概述

金属液态成型又称铸造,是将固态金属熔炼为液态金属,并将液态金属浇入铸型中,凝固后获得具有一定形状、尺寸和性能的金属零件毛坯的成型方法。它是成型毛坯或机器零件的一种重要成型方法,其基本过程如图 2-1 所示。

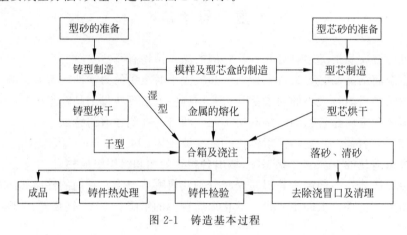

图 2-1　铸造基本过程

铸造的生产方法很多,按铸型材料、造型方法和浇注工艺的不同,可分为砂型铸造和特种铸造。其中,砂型铸造是最基本、应用最普遍的铸造方法。

铸造生产在整个机械产品中占有极其重要的地位,如在机床、内燃机、重型机械结构中,铸件约占整机质量的 60%～90%。这是因为铸造具有如下特点:

(1) 用铸造方法可生产形状复杂的工件,特别是具有复杂内腔的毛坯或零件的成型。如各种箱体、床身、机器、轮等。

(2) 铸造适应性广,工艺灵活性大。因为常用金属(如铸铁、碳素钢、合金钢等)均可用于铸造;且铸件大小几乎不受限制,从几克到数百吨均可。

(3) 铸件生产成本低。铸造所用原材料来源广泛,价格低廉;铸造一般不需要昂贵设备;铸件形状和尺寸与零件相近,能节省金属材料和切削加工费用。

但是铸件组织粗大,偏析严重,所以力学性能差。另外,铸件工艺过程难以精确控制,因此铸件缺陷较多,质量不稳定,废品率较高。但随着铸造技术的发展,这种状况正在得到改善。

2.1.2　合金的铸造性能

铸造用的金属材料大多为合金。根据铸件的工作条件不同,常用的有铸铁、铸钢和非铁金属等。

铸造合金除应具有符合要求的力学性能、物理性能、化学性能外,还应具有良好的铸造性能。合金的铸造性能是合金在铸造生产中所表现出来的工艺性能。它将直接影响铸件质量,主要包括合金的流动性、收缩性、偏析等。

1. 合金的流动性

1) 合金的流动性及其试验方法

流动性是指液态金属本身的流动能力。它取决于合金种类、结晶特性、熔点、黏度和热导率等。

合金流动性的好坏,对铸造生产有着重要意义。一是它决定合金能否充满铸型,得到形状完整、尺寸精确的铸件,而不产生浇不足、冷隔等缺陷;二是流动性的好坏对于铸件中气体的排出、杂质的上浮和凝固时的补缩效果有很大的影响。所以流动性好,不但可以防止浇不足、冷隔等缺陷,还可防止气孔、夹渣、缩孔等缺陷的发生。

流动性的试验方法很多,最常用的是螺旋形试样法。如图 2-2 所示,将合金熔液浇入造好的螺旋形试样铸型型腔中,所得到螺旋形试样长度就代表其流动性大小。常见的合金中以灰口铸铁、硅黄铜最好,铸钢最差。

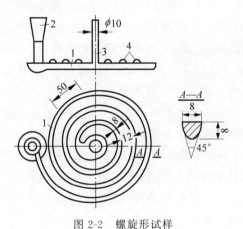

图 2-2　螺旋形试样

1—试样铸件;2—浇口;3—出气口;4—试样凹点

2) 影响流动性的因素

影响流动性的因素很多。凡能影响液态合金在铸型中保持液态时间长短及合金流动速度的因素,均能影响合金流动性。其中主要是化学成分、浇注温度和充型条件等。

(1) 化学成分。不同成分的铸造合金有不同的结晶特点,对流动性影响也不相同。纯金属和共晶合金是在恒温下结晶的。结晶从表层向中心逐层凝固,凝固层表面光滑,对尚未凝固的金属液流动阻力小,因此流动性好,如图 2-3(a)所示。其他成分合金的结晶是在一段温度区间内完成的。在结晶区间中,既有形状复杂的枝晶,又有液体。枝晶不仅阻碍液体流动,而且使液体金属的冷却速度加快,所以流动性差,如图 2-3(b)所示。

铁碳合金的成分与流动性的关系如图 2-4 所示。从图中可以看出,合金的化学成分(即碳、硅含量)越接近共晶成分,合金的流动性越好。铸铁中的磷能降低液相线温度,并能使铁水黏度下降,有利于提高流动性;而铁水中锰和硫能使流动性下降。

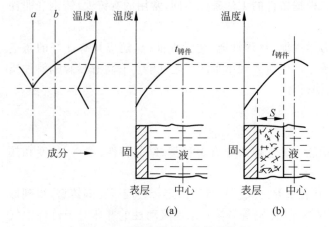

图 2-3　不同成分合金的结晶特点
(a) 纯金属及共晶合金;(b) 其他成分合金

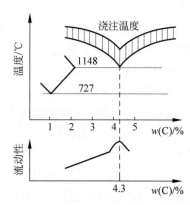

图 2-4　铁水的成分和流动性的关系

(2) 浇注温度。浇注温度对合金流动性的影响极为显著。浇注温度越高,过热度(即浇注温度与液相线温度差)越大,增加了液体金属含热量,使其保持液态时间长,同时降低了液态金属的黏滞度,这些都可使合金的流动性提高。因此,提高浇注温度,可防止铸件产生浇不足、冷隔、气孔及夹渣等缺陷。但还要指出,浇注温度过高会使合金收缩增加、吸气、氧化严重,会增加铸件产生缩孔、缩松、黏砂、气孔等缺陷的可能性。因此在保证流动性足够的前提下,浇注温度应尽量低些。所以在生产中常采用"高温出炉,低温浇注"的方法。但对于形状复杂的薄壁件、铸钢件,为了避免产生浇不足、冷隔等缺陷,浇注温度以略高为宜。普通灰铸铁浇注温度为 1250~1400℃,碳素钢为 1500~1600℃,铝合金为 680~780℃。

(3) 充型条件。铸型中凡能增加金属流动阻力、降低流速和增加冷却速度的因素,均能降低合金的流动性。例如:内浇口截面积小、型腔狭窄、表面不光滑、直浇口高度过低、铸型透气不好、水分含量过多、铸型导热太快等,都能相应地降低合金流动性,使铸件易于产生浇不足、冷隔等缺陷。为了改善铸型充型条件,在设计铸件时必须保证其厚度大于"最小壁厚";在工艺上采取一些措施,如加高直浇口、扩大内浇口、减少型砂含水量、增设排气口等。

2. 合金的收缩

合金熔液在铸型里凝固和冷却过程中,其体积和尺寸减少的现象称为收缩。收缩是合金本身的物理性能,是使铸件产生缩孔、缩松、裂纹、变形和内应力等缺陷的基本原因。为了获得形状和尺寸符合技术要求,内部组织致密的合格铸件,必须掌握收缩的规律,以便在结构设计和铸造工艺中采取必要的预防措施。

液态合金从浇注温度冷却到室温时是由三个互相联系的收缩阶段组成的,如图 2-5所示。

(1) 液态收缩。合金从浇注温度冷却到开始凝固温度(液相线温度)的收缩,是产生缩孔的基本原因之一。

(2) 凝固收缩。合金从液相线温度冷却至固相线温度的收缩。共晶成分合金及纯金属

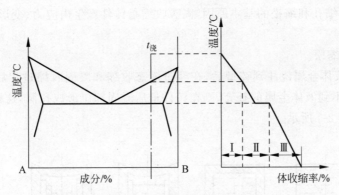

图 2-5　液态合金的收缩阶段

Ⅰ—液态收缩；Ⅱ—凝固收缩；Ⅲ—固态收缩

在恒温下结晶,凝固收缩小。结晶温度范围越宽,凝固收缩越大。凝固收缩也是产生缩孔、缩松的基本原因之一。

（3）固态收缩。合金从固相线温度冷却至室温的收缩。表现为铸件各方向上线尺寸的缩小,对铸件的形状和尺寸精度影响最大,是产生铸造内应力、变形和裂纹的基本原因。

液态收缩、凝固收缩表现为合金体积缩小,常称为体收缩；固态收缩引起铸件尺寸变化,常称为线收缩。

在常用铸造合金中,铸钢收缩最大,灰铸铁收缩最小。这是由于灰铸铁中碳大部分以石墨状态存在,石墨比容大,在结晶过程中,析出石墨所产生的体膨胀,可抵消铸铁的部分体收缩。表 2-1 为几种铁碳合金收缩率。

表 2-1　几种铁碳合金收缩率

合金种类	含碳量/%	浇注温度/℃	液态收缩/%	凝固收缩/%	固态收缩/%	总体积收缩/%
碳素铸钢	0.35	1610	1.6	3	7.86	12.46
白口铸铁	3.0	1400	2.4	4.2	5.4～6.3	12～12.9
灰铸铁	3.5	1400	3.5	0.1	3.3～4.2	6.9～7.8

1）影响收缩的因素

影响收缩的主要因素有化学成分、浇注温度、铸件结构和铸型条件等。

（1）化学成分。不同成分合金其收缩率不同。如碳钢随着含碳量增加,凝固收缩增加,而固态收缩略减。在铸件中促进石墨化元素（碳和硅）增加,收缩减小；阻碍石墨化元素（硫和锰）增加,收缩增大。但适当的含锰量可消除硫的有害作用。

（2）浇注温度。合金的浇注温度越高,过热度越大,液态收缩量也越大,故总收缩量增加。通常在满足流动性要求的前提下,应尽量采用低温浇注以减少液态收缩。

（3）铸件结构与铸型条件。铸件在铸型中冷凝时,不是自由收缩,而是受阻收缩。会受到铸件各部位因冷速不同,相互制约而产生的阻力及铸型和型芯对收缩产生的机械阻力。因此,铸件的实际线收缩率要比合金的自由收缩率小。所以在设计模样时必须根据合金品种、铸件的形状和尺寸、铸型种类等因素,选取合适的收缩率。

2）收缩对铸件质量的影响

金属的收缩是铸件产生缩孔、缩松、变形、内应力和裂纹的基本原因。液态收缩和凝固收缩是铸件产生缩孔和缩松的基本原因,固态收缩是铸件产生内应力、变形和裂纹等缺陷的主要原因。

（1）缩孔及缩松。

① 缩孔。液体金属浇注到铸型后,在经过液态收缩和凝固收缩过程后,液体体积要缩减,若其收缩得不到液体金属的补充,则在铸件最后凝固部位形成孔洞,这种孔洞称为缩孔。其形成过程如图 2-6 所示。

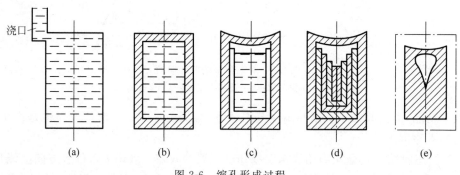

图 2-6　缩孔形成过程

液体金属充满铸型后,随着热量不断散失,合金将产生液态收缩。此时,浇口尚未凝固,故型腔是充满的,如图 2-6(a)所示。由于铸型吸热,铸件表面形成一层硬壳。因浇口凝固,硬壳如一个密闭容器,里面充满金属,如图 2-6(b)所示。温度继续下降,凝固层加厚,内部的剩余液体由于要补充凝固层的收缩和液体本身的液态收缩,体积减小,液面下降,铸件内出现空隙,如图 2-6(c)所示。温度继续下降,外壳加厚,液面不断下降,待金属全部凝固后,则在金属最后凝固的上部形成一个孔洞,即缩孔,如图 2-6(d)所示。铸件完全凝固后,其体积还会因温度下降而不断减少,直到常温为止,如图 2-6(e)所示。

纯金属和共晶成分合金结晶温度范围窄,易于形成集中缩孔。缩孔多集中在铸件上部或最后凝固部位。其特征是：内部表面粗糙,形状不规则,呈倒锥形。

② 缩松。它是由于合金的凝固收缩未能得到补充所致,实质是把集中缩孔分散为许多极小的缩孔。其形成过程如图 2-7 所示。

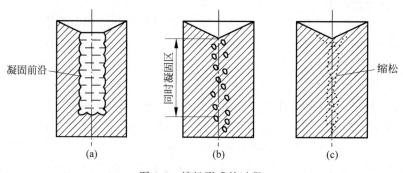

图 2-7　缩松形成的过程

具有较宽结晶温度范围的合金凝固时,铸件首先从外层开始凝固,但凝固表面凸凹不平,如图 2-7(a)所示。在凝固后期,铸件截面上一定宽度区域内形成一个同时凝固区。在这个区域内,既有正在长大的枝晶,又有液体合金,彼此互相交错,把液体金属分割成许多小液体区,如图 2-7(b)所示。在这些封闭区内金属结晶时,得不到液体金属补充,最后形成许多分散的小孔洞,即缩松,如图 2-7(c)所示。

缩孔、缩松使铸件有效受力面积减少,力学性能下降,而且在孔洞部位易于产生应力集中,还影响铸件气密性和物理、化学性能。

③ 缩孔、缩松的防止。缩孔和缩松都使铸件的力学性能下降,缩松还可使铸件因渗漏而报废。因此,缩孔和缩松都属铸件的重要缺陷,必须根据技术要求,采取适当的工艺措施予以防止。实践证明,只要能使铸件实现"定向凝固",尽管合金的收缩较大,也可获得没有缩孔的致密铸件。

所谓定向凝固,就是在铸件上可能出现缩孔的厚大部位通过安放冒口(见图 2-8(b))或安放冷铁(见图 2-8(c))等工艺措施,使铸件上远离冒口的部位先凝固,然后是靠近冒口部位凝固,最后才是冒口本身凝固。按照这样的凝固顺序,先凝固部位的收缩,由后凝固部位的金属液补充;后凝固部位的收缩,由冒口中的金属液补充,从而使铸件各个部位的收缩均能得到补充,而将缩孔转移到冒口之中。冒口为铸件的多余部分,在铸件清理时将其去除。

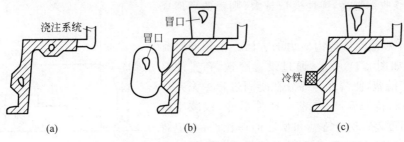

图 2-8　冒口和冷铁安放

冷铁是为了加速局部液体金属冷却而置入砂型或型腔的金属块,冷铁使得这些厚大部位先行凝固,最后冒口凝固,达到补缩目的。安放冷铁还可使铸件结晶组织致密,提高其力学性能。冷铁只是加快了某一部位的冷却速度,本身并不能补缩。冷铁常用钢或铸铁制成。

(2) 铸造内应力。在铸件凝固后的继续冷却过程中,将要产生固态收缩。如果固态收缩受阻,即会在铸件内部产生内应力。这是使铸件产生变形和裂纹的基本原因。

① 铸造内应力的形成。铸造内应力按其产生原因,可分为热应力、固态相变应力和收缩应力三种。热应力是指铸件各部分冷却速度不同,造成在同一时期内,铸件各部分收缩不一致而产生的应力;固态相变应力是指铸件由于固态相变,各部分体积发生不均衡变化而引起的应力;收缩应力是铸件在固态收缩时因受到铸型、型芯、浇冒口、箱挡等外力的阻碍而产生的应力。收缩应力是暂时的,铸件清砂后会自行消失,如图 2-9 所示。但收缩应力与热应力共同作用,可能使铸件某些部位拉应力值增大而产生裂纹。

下面利用铸造应力框分析热应力的形成过程。如图 2-10 所示,铸造应力框Ⅰ和杆Ⅱ两部分组成的框形铸件,其中杆Ⅰ较粗,杆Ⅱ较细。当铸件处于高温塑性状态时,虽然两杆因冷却速度不同而收缩不一致,但瞬间的内应力为塑性变形所消除。继续冷却后,由于杆Ⅱ细,冷却快,收缩大,已进入弹性状态,必然压缩杆Ⅰ,使杆Ⅰ受压,杆Ⅱ受拉,形成了暂时内应力。此时由于杆

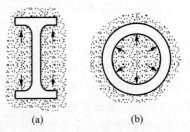

图 2-9　机械应力的形成过程
(a) 铸型阻碍;(b) 型芯阻碍

Ⅰ仍处于高温塑性状态,在压应力作用下,发生微量塑性变形(压缩),内应力随之消失。当冷却至杆Ⅰ、Ⅱ均进入弹性状态时,粗杆Ⅰ温度较高,还会进行较大的收缩;细杆Ⅱ温度较低,收缩已近停止。此时杆Ⅰ的收缩必然要受到杆Ⅱ的阻碍,于是在杆Ⅰ中产生拉应力,杆Ⅱ中产生压应力,并保持到室温,形成残余内应力。

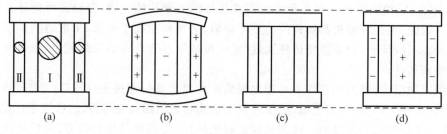

图 2-10　热应力的形成过程

　　通过以上分析可知,铸件的厚壁或心部受拉伸,薄壁或表层则受压缩。其壁厚差别越大,合金的线收缩越高,弹性模量越大,则铸造后形成的热应力越大。

　　② 减小和消除铸造内应力的方法。采用同时凝固的原则,如图 2-11 所示,通过设置冷铁、布置浇口位置等工艺措施,使铸件各部分在凝固过程中温差尽可能小;提高铸型温度,使整个铸件缓冷,以减小铸型各部分温度差;改善铸型和型芯的退让性,避免铸件在凝固后的冷却过程中受到机械阻碍;进行去应力退火,是一种消除内应力最彻底的方法。

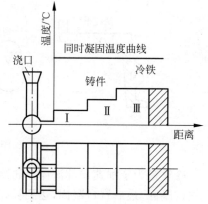

图 2-11　铸件同时凝固的过程

　　(3) 铸件的变形及防止。具有不同壁厚的铸件,在冷却收缩过程中将产生内应力。处于应力状态的铸件是不稳定的,会自发地发生变形来减缓其内应力,从而趋于稳定状态。图 2-12 为车床床身的挠曲变形示意图。较厚的导轨部分受拉应力,较薄的床腿部分受压应力,其变形方向向导轨方向发生弯曲变形。

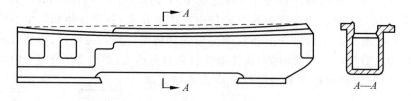

图 2-12　车床床身挠曲变形

　　防止铸件变形的措施是:①铸件壁厚要尽量均匀,并使之形状对称,如图 2-13(c)所示;②尽量采用同时凝固原则;③长而容易变形的铸件可采用反变形法,模型制成与铸件变形相反的形状,来抵消铸件产生的变形;④精度要求高不允许发生变形的铸件,必须采用时效处理。时效处理常分为自然时效和人工时效两种。自然时效是将铸件在露天场地置放半年以上,使其缓慢变形而消除内应力的方法。人工时效也称为去应力退火,加热温度是 550～650℃,如机床导轨、箱体和刀架等在切削加工前应进行去应力退火。

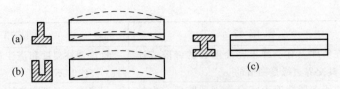

图 2-13 铸件结构对变形的影响

（4）铸件的裂纹及防止。当铸件中的内应力超过其强度极限时，铸件便会产生裂纹。裂纹多会导致铸件报废，必须予以防止。铸件的裂纹分为热裂和冷裂两种。

① 热裂及防止。热裂是在铸件凝固末期的高温下产生的裂纹。此时，结晶出来的固态合金已形成完整骨架，但在晶粒间还有少量液体，其强度和塑性都很低。如果铸件的固态收缩受阻，使收缩应力超过了该温度下金属的强度，则发生热裂。其形状特征是：裂纹短，缝隙宽，形状曲折，缝内呈氧化色。

防止措施：尽量选择结晶范围小的合金；铸铁和铸钢需要严格控制硫的含量；改善铸件结构以减少收缩受阻等。

② 冷裂及防止。冷裂是铸件在低温下形成的裂纹。当铸造内应力大于该温度下合金的强度时，则产生冷裂。冷裂多出现在受拉应力的部位，特别是有应力集中的部位（如尖角、缩孔、气孔、夹渣等缺陷附近）。其形状特征是：裂纹细小，呈连续直线形，缝内干净，没有或只有少量氧化颜色。

防止措施：选择塑性好的铸造合金，如铸造铝合金、铜合金等；减少铸造内应力或降低合金脆性；铸件壁厚尽量均匀等。

2.1.3 铸件常见缺陷及检验

1. 铸件主要缺陷

铸件中除了缩孔、缩松、内应力、变形和裂纹等缺陷外，还有一些常见的缺陷，其特征及其产生原因见表 2-2。

表 2-2 铸件常见缺陷及特征

缺陷名称	缺 陷 特 征	预 防 措 施
气孔	在铸件内部、表面或接近表面处，有大小不等的光滑孔眼，形状有圆形、长形及不规则的，有单个的，也有聚集成片的。颜色有白色的或带一层暗色，有时覆有一层氧化皮	降低熔炼时流动金属的吸气量；减少砂型在浇注过程中的发气量；改进铸件结构，提高砂型和型芯的透气性，使型内气体能顺利排出
渣气孔	在铸件内部或表面形状不规则的孔眼。孔眼不光滑，里面全部或部分充塞着熔渣	提高铁液温度；降低熔渣黏性；提高浇注系统的挡渣能力；增大铸件内圆角
砂眼	在铸件内部或表面有充塞着型砂的孔眼	严格控制型砂性能和造型操作；浇铸或浇注前注意打扫型腔
黏砂	在铸件表面上，全部或部分覆盖着一层金属（或金属氧化物）与砂（或涂料）的混（化）合物，致使铸件表面粗糙	减少砂粒间隙；适当降低金属的浇注温度；提高型砂、芯砂的耐火度
夹砂	在铸件表面上，有一层金属瘤状物或片状物，在金属瘤片和铸件之间夹有一层型砂	严格控制型砂、芯砂性能；改善浇注系统，使金属液流动平稳；大平面铸件要倾斜浇注

续表

缺陷名称	缺 陷 特 征	预 防 措 施
冷隔	在铸件上有一种未完全融合的缝隙或注坑,其交界边缘是圆滑的	提高浇注温度和浇注速度;改善浇注系统;浇注时不断流
浇不到	由于金属熔液未完全充满型腔而产生的铸件缺陷	提高浇注温度和浇注速度;不要断流和防止跑火

2. 铸件质量检验

清理完的铸件要进行质量检验,合格铸件验收入库,次品酌情修补,废品剔出回炉。铸件质量的检验包括外观质量检验和内在质量检验。

（1）外观质量检验。它是检验铸件最普通、最常见的一种方法。铸件表面缺陷(如黏砂、夹砂、冷隔等)在外观上可直接发现。对于铸件表皮下的缺陷,可用尖头小锤敲击来进行表面检查;还可以通过敲击铸件,听其发出的声音是否清脆,判断铸件是否有裂纹。铸件形状、尺寸偏差,可按规定的标准或划线检查。外观检验法可以逐个地或用抽查的方法进行检验。

（2）内在质量检验。内在质量检验包括磁力探伤、超声波探伤、压力试验、化学分析、金相组织检查、力学性能试验等多种检验方法,可检验铸件表面的微小缺陷、铸件的致密度、化学成分、金相组织和力学性能。

2.2 砂 型 铸 造

砂型铸造是指铸型由砂型和砂芯组成的一种造型方法。它具有操作灵活、设备简单、准备时间短等优点,是实际生产中应用最广泛的一种铸造方法,其基本工艺过程如图 2-14 所示。

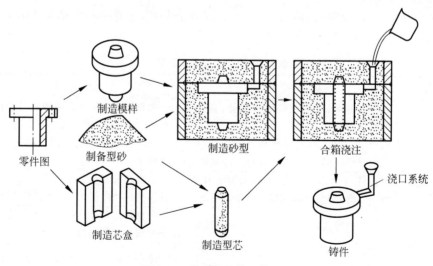

图 2-14　砂型铸造的工艺过程

2.2.1　造型材料

制造铸型用的材料称为造型材料。用于制造砂型的材料称为型砂,用于制造型芯的材料称为芯砂。型砂和芯砂是由原砂、黏结剂、水及特殊附加物组成的混合物。在铸造生产中,铸造质量的高低与造型材料的好坏有极密切的关系。如造型材料选择不正确,会使铸件大量报废,增加铸件的成本,造成巨大的经济损失;正确地选择造型材料,不但能使铸件的缺陷减少,降低铸件成本,而且可使生产周期缩短,从而提高生产率。

型砂和芯砂应具有可塑性、强度、透气性、退让性及耐火性等。

造型用的原砂主要是指河砂、海砂和山砂。黏结剂除常用的黏土(包括普通黏土和膨润土)外,还有油类黏结剂(如桐油、亚麻仁油、棉籽油、合脂油等),还有用松香、沥青、纸浆废液、糖浆、水泥、水玻璃及树脂等作为型砂黏结剂。

造型材料中有时还加入一些特殊附加物,如煤粉、焦炭粉、重油、木屑、稻草等,以改善造型材料的退让性和透气性。

造型和造芯常用的材料有石墨粉、木炭粉、石英粉和滑石粉等,再加入黏结剂与水调匀后使用。

2.2.2　造型方法

根据制造铸型的手段不同,砂型铸造又分为手工造型和机器造型两种。

1. 手工造型

手工造型是目前铸造生产中获得铸型的一种常用的造型方法。手工造型的工艺装备简单、经济,生产准备时间短,操作灵活,适应性强。其不足之处是劳动强度大,生产效率低,铸件质量较差,对工人操作技能要求较高。手工造型广泛用于单件、小批生产,特别是重型铸件和形状复杂铸件的生产,也可用于较大批量的生产。

为适应不同形状的铸件和生产条件,手工造型有各式各样的造型方法,造型方法的合理选择,对于获得合格铸件、节约制模和造型工时、降低成本和缩短生产周期都是十分重要的。具体生产中应根据铸件形状、尺寸、技术要求、生产条件和生产批量,对各种造型方法进行合理的选择。表 2-3 为各种手工造型方法的特点及适用范围,供选择时参考。

表 2-3　各种手工造型方法的特点及适用范围

造型方法		特　　点	适　用　范　围
按砂箱特征区分	两箱造型	铸型由成对的上箱和下箱构成,操作方便	为造型最基本方法,适用于各种生产批量、各种大小的铸件
	三箱造型	铸型由上、中、下三箱构成。中箱的高度须与铸件两个分型面的间距相适应。三箱造型操作费工,且需有适合的砂箱	主要用于手工造型,单件、小批量生产,具有两个分型面的铸件
	地坑造型	造型是利用车间地面砂床作为铸型的下箱,地坑造型仅用上箱便可造型,减少了制造专用下箱的生产准备时间,减少砂箱的投资。但造型费工,且要求的技术较高	常用于砂箱不足的生产条件,制造批量不大的大、中型铸件
	脱箱造型	采用活动砂箱来造型,在铸型合箱后,将砂箱脱出,重新用于造型。一个砂箱可用于许多铸型	常用于生产小铸件。因砂箱无箱带,所以砂箱多小于 400mm

造型方法		特　　点	适 用 范 围
模样特征区分	整模造型	模样是整体的,分型面是平面,铸型型腔全部在半个铸型内。其造型简单,铸件不会产生错箱缺陷	适用于铸件最大截面靠一端,且为平面的铸件
	挖砂造型	模样虽是整体的,但铸型的分型面为曲面	用于单件、小批量生产,分型面不是平面的铸件
	假箱造型	为克服上述挖砂造型的挖砂缺点,在造型前预先做个底胎(即假箱)。假箱造型比挖砂造型操作要简便,且分型面整齐	用于成批生产需要挖砂的铸件
	分模造型	将模样沿截面最大处分为两半,型腔位于上、下两个半型内。其造型简单,节省工时	常用于铸件最大截面在中部(或圆形)的铸件
	活块造型	铸件上有妨碍起模的小凸台,肋条等。先起出主体模样,然后再从侧面取出活块。其造型费时,要求工人技术水平高	主要用于单件、小批生产带有凸出部分,难以起模的铸件
	刮板造型	用刮板代替木模造型。但造型生产率低,要求工人的技术水平高	主要用于大、中型铸件的单件、小批生产

2. 机器造型

机器造型是把造型中最重要的两项操作——紧砂和起模实现了机械化。与手工造型相比,不仅提高了生产率、改善劳动条件,而且提高了铸件精度和表面质量。但是机器造型所用的造型设备和工艺装备费用高、生产准备时间长,只适用于中、小铸件成批或大量的生产。

机器造型的工艺特点是采用模板进行两箱造型,通常为湿型。模板是将模样和浇注系统沿分型面与底板连接成一整体的专用模具。造型机一般均装有起模机构,其动力多是应用压缩空气。目前应用广泛的起模机构有顶箱、漏模和翻转三种。

机器造型按照不同的紧砂方式分为震实、压实、震压、抛砂、射压式造型等多种方法,表 2-4 为各种机器造型的特点和适用范围,供选择时参考。其中以震压式造型和射压式造型应用最广,图 2-15 为震压式造型机原理图。

表 2-4　机器造型的各种方法对比

种　类	主 要 特 点	适 用 范 围
压实式	用较低的比压*来压实铸型。机器结构简单,噪声较小,生产率较高,但紧实度不均匀	用于成批生产的小铸件
震实式	靠造型机的震击来紧实铸型。机器结构简单,制造成本低,但噪声大、生产率低,对厂房基础要求高,劳动量繁重	用于成批生产的中、小铸件
震压式	在震击后加压紧实铸型。机器的制造成本较低,生产率较高,噪声大。型砂紧实度较均匀,能量消耗少	用于成批生产的小铸件
抛砂式	用抛砂方法填实和紧实铸型。机器的制造成本较高,但生产效率高,能量消耗少,型砂紧实较均匀	用于成批生产的大型铸件
微震压实式	在微震的同时加压紧实铸型。生产率较高,机器较易损坏	用于成批生产的中、小铸件

续表

种　类	主　要　特　点	适　用　范　围
高压式	用较高的比压*来压实铸型。生产率高,铸件尺寸准确,易于自动化。但机器结构复杂,制造成本高	用于大批生产的中、小铸件
射压式造型	用射砂填实砂箱,再用高比压压实铸型,生产率高,易于自动化;型砂紧实度高而均匀;缺点是垂直的分型面,不能沿用水平分型原有工艺	用于大批生产的中、小铸件

* 比压为铸型的单位面积上所受的压力(MPa)。

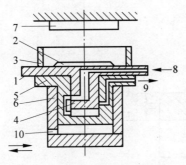

图 2-15　震压式造型机

1—工作台;2—模样;3—砂箱;4—震击活塞;5—压实活塞;6—压实气缸;7—压头;
8—震击进气口;9—震击排气口;10—压实进气口

2.3　铸造工艺设计

　　铸造工艺设计是生产准备、管理和产品验收的依据,为了保证铸件质量、提高生产率和降低成本,在铸造生产前必须进行铸造工艺设计。工艺设计是依据铸件的技术要求、结构特点、生产批量及生产条件等,确定铸造方案和工艺参数,绘制铸造工艺图、铸件图、铸型装配图,编制铸造工艺卡等技术文件的过程。其设计程序为:零件图→铸造工艺图→铸件图→铸型装配图→铸造工艺卡片→工艺装备设计。本节主要讨论与绘制铸造工艺图有关的基本设计内容和方法,主要包括浇注位置、分型面、加工余量、拔模斜度、不铸孔和沟槽、型芯头等。用文字和各色工艺符号在零件图上将以上内容表示出来,就构成了铸造工艺图。图 2-16是法兰盘的零件图、铸造工艺图(简图)和铸件图。

2.3.1　浇注位置的确定

　　铸件的凝固方式分同时凝固和顺序凝固两种。铸件的浇注位置应符合铸件的凝固方式,保证铸型的充满。铸件的浇注位置指浇注时铸件在铸型中所处的位置,即浇注时铸件哪个面放在上面,哪个面放在下面,哪个面放在侧面的问题。浇注位置以文字标出,上下或上中下。具体确定时应考虑以下原则:

　　(1) 铸件的重要加工面和主要工作面应朝下或置于侧面。因铸件在凝固过程中,气孔、杂质等易上浮,因而铸件上表面的质量较差,所以应将铸件的重要加工面和主要工作面放在下面或侧面,如图 2-17(a)(B)(机床的床身)、图 2-17(b)(B)、图 2-17(d)(B)(卷筒)所示。

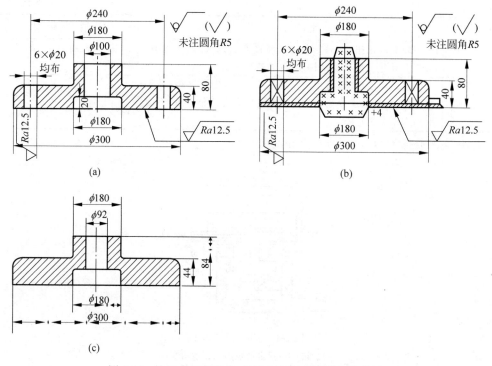

图 2-16　法兰盘的零件图、铸造工艺图(简图)和铸件图
(a) 零件图；(b) 铸造工艺图；(c) 铸件图

(2) 铸件的大平面应放在下面,以防止平面上形成气孔、砂眼等缺陷,如图 2-17(c)(B)所示。

(3) 薄壁铸件应将薄而大的平面放在下面,以利于铸型的充填和排气,避免产生浇不足和冷隔等缺陷。也可放在侧面或倾斜,尤其对于流动性差的合金,更应特别注意,如图 2-17(e)(B)(电动机端盖)所示。

(4) 壁厚不均匀的铸件,应遵循顺序凝固的原则,将厚壁部分放在上面或侧面,以便安放冒口进行补缩,如图 2-17(d)(B)所示。

(5) 确定浇注位置时应尽量减少型芯的数量,要有利于型芯的安装、固定、检验和排气。如图 2-17(f)(A)所示的床腿,需要一个很大的型芯,从而增加了制模、造芯、烘干及合箱的工作量,铸件成本较高,图 2-17(f)中(B)方案省去了专门制芯的工序,而是由一个自带型芯来代替,使造型工艺大大简化。图 2-17(g)中(B)方案比(A)方案合理,便于合箱,型芯固定可靠,排气方便。

2.3.2　分型面的确定

分型面是指铸型砂箱间的结合面。分型面的选择要在保证铸件质量的前提下,尽量简化工艺,节省人力物力,因此需考虑以下几个原则。

(1) 为了方便起模而不损坏铸型,分型面应选在铸件的最大截面上。

(2) 分型面应尽量采用平直面,以简化造型工艺和减少模具制造成本,如图 2-18 所示。

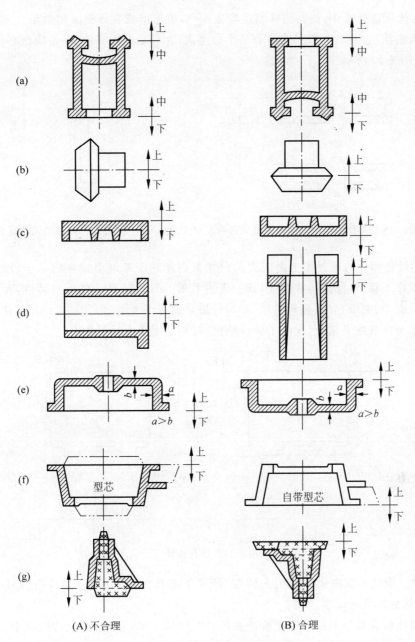

(A) 不合理　　　　　　　　　　　　(B) 合理

图 2-17　浇注位置的合理性

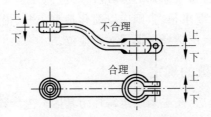

图 2-18　起重臂分型面的确定

（3）为简化造型操作，提高铸件精度和生产率，应尽量减少分型面的数量。尤其是在机器造型的流水线生产中，一般只允许有一个分型面，并尽量不用活块，而是用型芯代替活块，如图 2-19、图 2-20 所示。

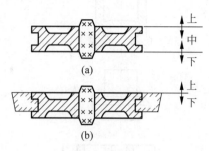

图 2-19　绳轮采用型芯使三箱造型变成两箱造型

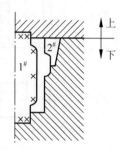

图 2-20　以砂芯代替活块

（4）尽量将铸件的重要加工面或大部分加工面和加工基准面放在同一个砂箱中，而且尽可能地放在下箱，以保证铸件精度，减少飞边毛刺。图 2-21 所示的床身铸件，其加工基准面为上部顶面，图中(b)方案稍有错箱，对铸件质量就有很大影响。图中(a)方案使加工基准面和加工面全部放在下箱中，保证了铸件精度，特别适用于大批量生产。

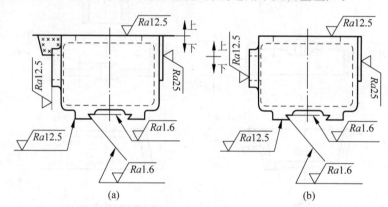

图 2-21　床身铸件

（5）尽可能地考虑内浇口的引入位置，便于下芯和检验，并使合箱位置与浇注位置一致，避免合箱后再翻动铸型。

确定浇注位置和分型面是制定铸造工艺方案的第一步，它对铸件质量、成本、生产率和劳动强度有直接影响，所以应慎重对待。以上所介绍的浇注位置和分型面的确定原则，有时是相互矛盾的，难以完全符合每条原则，具体应用时应抓住主要矛盾，次要矛盾可从工艺措施上设法解决。如铸件质量要求很高，则应以简化造型工艺、提高生产率和降低成本为主，合理选择分型面，而浇注位置的选择则退居次要地位。

2.3.3　铸造工艺参数的确定

铸件的铸造方案确定之后，还必须确定铸件的具体工艺参数。

1. 机械加工余量

在铸造工艺设计时，在零件的加工面上预先留出的准备在机械加工时切去的金属层的

厚度称为机械加工余量。确定加工余量的大小十分重要,加工余量过大不仅增加了机械加
工量和浪费金属,并且由于铸件表面层的金属组织致密,力学性能和耐压耐腐蚀性能均较
好,切除过多反而使铸件加工后的表面质量降低。加工余量过小,将因机械加工后铸件表面
残留黑皮或因表层铸造缺陷(诸如气孔、砂眼、夹渣、黏砂等表面铸造缺陷)未能去除而使铸
件报废,同时也因表层硬皮而加快刀具磨损,缩短刀具寿命。

　　铸件机械加工余量的大小与铸造合金的种类、生产方法、铸件尺寸和形状,以及加工面
的精度要求和所处的浇注位置等因素有关。一般来说,铸钢件的加工余量比铸铁件要大,非
铁金属件加工余量比铸铁件要小,灰口铸铁件加工余量又比可锻铸铁件和球墨铸铁件要小
些;机器造型比手工造型生产的铸件精度高,相应的铸件加工余量也小;尺寸大、结构复
杂、精度不易保证的铸件,比尺寸小、结构简单、精度要求不高的铸件的加工余量大。对浇注
位置来说,铸件的上面加工余量比侧面和下面要大;铸件的内表面和孔的加工余量比外表
面的加工余量大些。铸件的机械加工余量具体数值可参阅表 2-5。

表 2-5　铸件要求的机械加工余量(摘自 GB/T 6414—1999)

最大尺寸/mm		要求的机械加工余量等级									
大于	至	A[①]	B[②]	C	D	E	F	G	H	J	K
—	40	0.1	0.1	0.2	0.3	0.4	0.5	0.5	0.7	1	1.4
40	63	0.1	0.2	0.3	0.3	0.4	0.5	0.7	1	1.4	2
63	100	0.2	0.3	0.4	0.5	0.7	1	1.4	2	2.8	4
100	160	0.3	0.4	0.5	0.8	1.1	1.5	2.2	3	4	6
160	250	0.3	0.5	0.7	1	1.4	2	2.8	4	5.5	8
250	400	0.4	0.7	0.9	1.3	1.4	2.5	3.5	5	7	10
400	630	0.5	0.8	1.1	1.5	2.2	3	4	6	9	12
630	1000	0.6	0.9	1.2	1.8	2.5	3.5	5	7	10	14
1000	1600	0.7	1	1.4	2	2.8	4	5.5	8	11	16
1600	2500	0.8	1.1	1.6	2.2	3.2	4.5	6	9	14	18
2500	4000	0.9	1.3	1.8	2.5	3.5	5	7	10	14	20
4000	6300	1	1.4	2	2.8	4	5.5	8	11	16	22
6300	10000	1.1	1.5	2.2	3	4.5	6	9	12	17	24

　　注：① 表示最终机械加工后铸件的最大轮廓尺寸。
　　　　② 等级 A 和 B 仅用于特殊场合。

2. 拔模斜度

　　在造型(或造型芯)时,为使模样(或型芯)容易从铸型(或芯盒)中取出,在垂直于分型面
的立壁上,在制造模样(或芯盒)时必须给出一定的斜度,此斜度称为拔模斜度。拔模斜度可
采用增加铸件厚度、加减铸件厚度和减少铸件厚度三种方法形成,如图 2-22 所示。

　　拔模斜度的大小应根据模样的高度、尺寸、表面粗糙度及造型方法来确定。垂直壁越
高,斜度越小,外壁斜度比内壁小,金属模的斜度比木模小,机器造型的斜度小于手工造型的
斜度,斜度的具体数值见表 2-6。表中,角度 α 适于用机械加工方法加工模样,宽度 a 适于
用手工加工模样,这两种斜度表示方法在工艺图上均可采用。

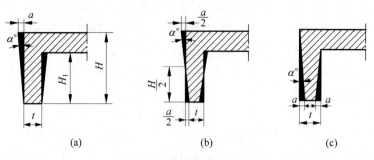

图 2-22　拔模斜度的形式

表 2-6　砂型铸造用拔模斜度(摘自 JB/T5105—1991)

测量面高度 H/mm	金 属 模		木 模	
	a/mm	α	a/mm	α
≤10	0.4	2°20′	0.6	2°55′
>10～40	0.8	1°10′	1.0	1°25′
>40～100	1.0	0°30′	1.2	0°40′
>100～160	1.2	0°25′	1.4	0°30′
>160～250	1.6	0°20′	1.8	0°25′
>250～400	2.4	0°20′	3.0	0°25′
>400～630	3.8	0°20′	3.8	0°20′
>630～1000	4.4	0°15′	5.8	0°20′
>1000～1600	—	—	9.2	0°20′
>1600～2500	—	—	11.0	0°15′
>2500	—	—	—	0°15′

由自带型芯形成的铸孔的拔模斜度与孔径和铸孔高度有关。孔径越大,拔模斜度越小;铸孔高度越大,拔模斜度越小。此斜度数值在 3°～10°之间。

3. 铸造收缩率

铸件由于凝固和冷却后体积要收缩,其各部分尺寸均小于模样尺寸,因此,为使冷却后的铸件尺寸符合铸件图要求的尺寸,则需要在模样或芯盒上加上收缩的尺寸,即加大一个铸件收缩量。此收缩量常以铸造收缩率 K 表示:

$$K = \frac{L_{模} - L_{铸}}{L_{模}} \times 100\%$$

式中:$L_{模}$ 为模样尺寸;$L_{铸}$ 为铸件尺寸。

在制造模样时,常以特制的“收缩尺”作量度工具。收缩尺的刻度比普通尺长一个收缩量,收缩尺分 0.8%,1%,1.5%,2%等各种规格,可根据实际需要选用。

铸造收缩率的大小除和合金种类与成分有关外,还和铸件收缩时是否受阻以及受到阻力的大小有关,如铸件的大小、结构形状、壁厚,铸型及型芯的退让性,浇冒口类型及开设位置、砂箱结构及箱带位置等,均对铸造收缩率影响很大。如果铸造收缩率选择不当,不仅影响铸件尺寸精度,甚至可能导致铸件报废。在实际生产中,应充分考虑各种因素的影响,力求选择正确。表 2-7 为几种合金的铸造收缩率,以供参考。

表 2-7 几种合金的铸造收缩率

合金种类		铸造收缩率/%	
		自由收缩	受阻收缩
灰铸铁	中小型铸件	1.0	0.9
	中大型铸件	0.9	0.8
	特大型铸件	0.8	0.7
筒型铸件	长度方向	0.9	0.8
	直径方向	0.7	0.5
孕育铸铁	HT250	1.0	0.8
	HT300	1.0	0.8
	HT350	1.5	1.0
白口铸铁		1.75	1.5
黑心可锻铸铁	壁厚>25mm	0.75	0.5
	壁厚<25mm	1.0	0.75
白心可锻铸铁		1.75	1.5
球墨铸铁		1.0	0.8
铸钢	碳钢和低合金钢	1.6~2.0	1.3~1.7
	含铬高合金钢	1.3~1.7	1.0~1.4
	铁素体-奥氏体钢	1.8~2.2	1.5~1.9
	奥氏体钢	2.0~2.3	1.7~2.0
非铁合金	锡青铜	1.4	1.2
	锌黄铜	1.8~2.0	1.5~1.7
	硅黄铜	1.7~1.8	1.6~1.7
	锰黄铜	2.0~2.3	1.8~2.0
	铝硅合金	1.0~1.2	0.8~1.0
	铝铜合金(7%~12%Cu)	1.6	1.4
	铝镁合金	1.3	1.0
	镁合金	1.6	1.2

4. 铸造圆角

设计铸件时,在壁间的连接和拐角处,应设计出圆弧过渡,此圆弧称为铸造圆角。铸造圆角可防止铸件转角处产生黏砂和由于铸造应力过大产生裂纹,也可避免铸型尖角损坏而产生砂眼缺陷。按照铸件的用途和结构对铸造圆角半径若无特殊要求时,可根据下式计算并从圆角半径系列值中选用:

$$r = \left(\frac{1}{5} \sim \frac{1}{3} \right) \left(\frac{a+b}{2} \right)$$

式中:r 为铸造圆角半径,mm;a、b 为两个相交壁截面厚度,mm。

圆角半径 r(mm)系列值:1、2、3、5、8、10、12、15、20、25、30、40。

5. 型芯头(简称芯头)

型芯主要用于形成铸件的内腔和孔,铸件外形上妨碍起模处以及铸型中某些要求较高的部位,也可采用型芯。有时型芯还可用于形成铸件的外形(如组芯造型)。

芯头是型芯的重要组成部分。芯头的主要作用是定位、支撑和排气以及从铸件中清除芯砂。芯头的形状、尺寸和数量,对于型芯在合箱时的工艺性和稳定性影响很大。芯头分垂直式芯头和水平式芯头两大类。垂直式型芯一般具有上、下两个芯头,下芯头的高度主要取决于型芯头的直径和型芯的长度,上芯头的高度一般比下芯头的高度低。芯头必须留有一定的斜度,下芯头一般取 5°,较上芯头斜度小,而高度较大,使稳定性较好。上芯头斜度较大,一般取 10°,而高度较小,便于合箱。水平式芯头的长度主要取决于型芯头的直径和型芯的长度。为便于下芯合箱,铸型上的芯座端部也应留有一定的斜度,芯头与铸型的芯座之间也应留有一定的间隙 S(通常为 1~4mm)。

6. 最小铸出孔及槽

机械零件上经常有许多孔、槽和台阶,这些在铸造时应尽可能铸出。这样既可节约金属,减少机械加工量,降低成本,又可使铸件壁厚均匀,减少缩孔、缩松等缺陷的产生。但当孔和槽的尺寸太小时,会给铸造工艺带来较大的困难,且易产生严重黏砂,清理十分困难。与其如此,倒不如不铸出这些孔槽,留给机械加工完成。尤其当某些孔的孔系,孔间距离要求严格时,铸出的孔常因偏心而很难保证精度要求。因此,铸件上的孔和槽是否铸出,要从工艺上的可行性与经济上的合理性两方面综合考虑。

最小铸出孔及槽的尺寸与铸件的生产批量、合金种类、铸件尺寸、孔处铸件壁厚、孔长和孔径有关,见表 2-8。

表 2-8　铸件的最小铸出孔(毛坯孔)直径

生 产 批 量	最小铸出孔直径/mm	
	灰铸铁件	铸钢件
大量生产	12~15	
成批生产	15~30	30~50
单件、小批生产	30~50	50

铸件上的不加工孔,一般情况下应尽量铸出。但是,对孔径小于 30mm(单件、小批生产)或 15mm(成批、大量生产)的不加工孔,或孔的长径比大于 4 时,则不便铸出,建议用机械加工方法做出。

对铸件上正方孔、矩形孔、异形孔和弯曲小孔,不能加工做出的均应铸出,但这些孔必须是孔径或孔的最短边大于 30mm,铸件厚度小于 40mm 时,才能铸出。

高锰钢因加工十分困难,故对其不加工的孔及槽应全部铸出,加工孔及槽可用碳素钢镶铸,再在所镶铸的碳素钢上加工出孔和槽。

对非铁金属铸件上的孔和槽,由于非铁金属一般价格较贵,除非尺寸过小,原则上均应铸出。

2.3.4　典型铸件的铸造工艺方案分析

图 2-23 为一轴架零件,除两端面及内孔需进行机械加工外,其余表面和 $\phi80$ 胖肚圆孔

均不需进行机械加工。其中，$\phi 60$ 内孔表面加工要求较高，$\phi 80$ 胖肚圆孔因不加工，必须用型芯铸出。

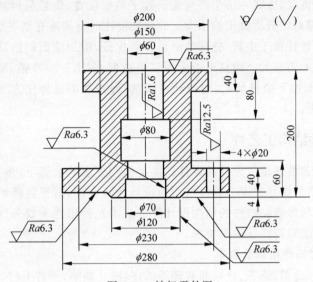

图 2-23　轴架零件图

此轴架所用材料为 HT200，小批生产，承受载荷不大，用湿砂型、手工分模造型。

此铸件可供选择的主要铸造工艺方案有两种，如图 2-24 及图 2-25 所示。

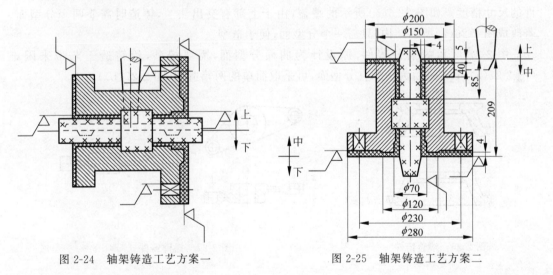

图 2-24　轴架铸造工艺方案一　　　　　　　　图 2-25　轴架铸造工艺方案二

方案一：图 2-24 为平做平浇，铸件轴线处于水平位置，两端面的加工面处于侧壁位置，有利于型芯的固定、排气和检验。以中心轴线的纵剖面为分型面，有利于起模、下芯和检验，使分模面与分型面一致。各加工表面加工余量均取 4mm，垂直壁拔模斜度取 1°，铸造圆角为 R3～5，内孔用整体型芯即可。横浇道开在上箱分型面上，内浇道开设在下箱分型面上，从两端法兰的外圆中间注入。

方案二：图 2-25 为三箱造型。采用垂直浇注位置，两端面均为分型面，上凸缘的底面为分模面。上顶面加工余量取 5mm，下底面取 4mm。采用垂直式整体型芯。在铸件顶端面的分型面上开设一内浇道，切向导入，不设横浇道。

综观以上两种方案，方案一由于将两端面置于侧壁位置，质量易得到保证，内孔表面虽有一侧位于上面，但对铸造质量影响不大。此方案浇注时金属液充型平稳，但易产生错箱缺陷。方案二将整个铸件位于中箱，铸件外形易得到保证，但顶端面铸造质量不易保证，浇注时金属液流对铸型冲击较大。而且由于采用三箱造型，多用一个砂箱，型砂耗用量增大，造型工时增加，顶端面加工余量增大，金属耗费增加，经济性明显地比方案一差，所以相比之下，方案一更为合理。

2.3.5　铸件结构工艺性

铸件的结构工艺性是指所设计的零件在满足使用要求的前提下，铸造成型的可行性和经济性，即铸造成型的难易程度。铸件结构的设计是否合理，对于铸件的质量、生产效率和生产成本有着很大的影响。铸件的结构设计除了应满足使用性能要求外，还必须考虑铸造工艺和合金铸造性能对铸件结构的要求。

1. 铸造工艺对铸件结构的要求

为了简化制模、造型、造芯、合箱和清理等工序，防止缺陷，节省工时，以及为实现机械化生产和简化生产工艺创造条件，在铸件结构设计时，应从以下几个方面考虑。

1）尽量使分型面少且平直

铸件分型面少，不仅可减少砂箱数目，减少造型工时，而且可减少错箱偏芯缺陷，提高铸件的尺寸精度。如图 2-26(a)所示的端盖，由于上部有突出法兰，铸造时需要两个分型面。若改成图 2-26(b)所示结构，只需一个分型面，便于造型。

图 2-27 所示为摇臂铸件，原设计为曲面分型面，需要挖砂，给铸造工艺带来困难（图 2-27(a)）；改进后为一平直分型面，可采取简单的两箱造型（图 2-27(b)）。

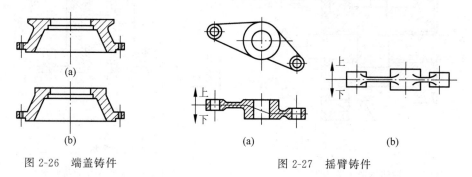

(a)

(b)

图 2-26　端盖铸件

(a)

(b)

图 2-27　摇臂铸件

2）铸件结构应少用或不用型芯

型芯数目增多，会增加造芯和下芯工作量。图 2-28(a)所示支架，需要采用型芯。若支架横截面改成工字形，省去型芯（图 2-28(b)），工艺变简单，可降低成本。

铸件的内腔通常是由型芯形成的，但有时采用"自带型芯"来实现，可利用模样内腔自然形成的砂胎来形成，如图 2-29(b)所示。

3）铸件结构应有利于型芯的固定、排气和清理

在高温金属液作用下，型芯会产生大量气体，如不能及时排出，会在铸件中形成气孔。

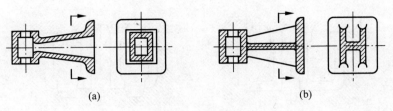

图 2-28　轴承支架

(a) 改进前结构；(b) 改进后结构

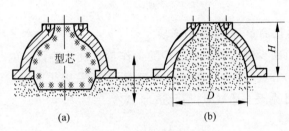

图 2-29　内腔的两种设计

(a) 改进前结构；(b) 改进后结构

型芯如固定不牢,在液态金属的浮力作用下,会发生偏移,产生偏芯缺陷。图 2-30(a)所示为一轴承座,其型芯只用一个型芯头固定,处于悬臂状态,容易产生偏移。按图 2-30(b)所示的方案,在铸件侧壁开设两个工艺孔 A,形成三个型芯头,既可使型芯固定,又可改善排气、清砂条件。

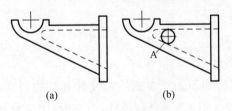

图 2-30　轴承座的结构

(a) 不合理；(b) 合理

图 2-31 为轴承支架,若把原设计(a)改为(b),同样会使型芯稳固,排气方便,清砂容易。

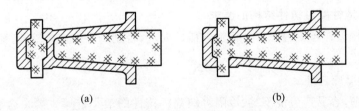

图 2-31　轴承支架的结构

(a) 不合理；(b) 合理

图 2-32 所示为一活塞结构,按照方案(b),在铸件上增设两个工艺孔,增加了型芯的支承点,同时有利于排气与清砂。

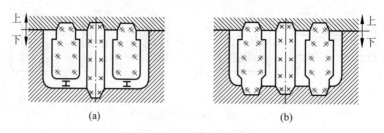

图 2-32 活塞结构的改进

(a) 不合理；(b) 合理

4）铸件形状应尽量简单，避免使用活块

铸件形状简单，可减少制造模型和造型的工作量。设计铸件上的凸台、筋条时，应考虑造型方便。图 2-33（a）和（c）中的凸台均妨碍起模，需要采用活块或增设型芯来解决；若分别改成（b）和（d），就可克服上述缺点，简化造型工艺。

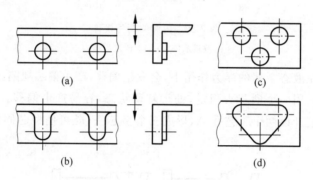

图 2-33 凸台的设计

5）铸件上应有结构斜度

铸件上凡与分型面垂直的不加工表面均应设计有结构斜度，以便于取模，延长模具寿命，也不易损坏铸型。图 2-34（a）为不合理设计，图 2-34（b）为合理设计。

6）铸件的吊装、运输和装夹要方便、安全

对于一些大、中型铸件，吊装、运输和装夹问题是关系到人身、设备安全和劳动生产率的大问题，进行铸件结构设计时，应考虑增设工艺凸台、工艺孔、吊环和吊轴等。

2. 合金铸造性能对铸件结构的要求

铸件的结构设计还应考虑合金铸造性能的要求，否则铸件会产生缩孔、缩松、浇不足、冷隔和裂纹等缺陷。

1）铸件壁厚应合理

铸件壁太薄，容易产生浇不足、冷隔等缺陷。铸件的最小壁厚主要由合金种类、铸件尺寸和铸造方法决定。表 2-9 列出砂型铸造条件下铸件的最小壁厚。

铸件的壁厚也不宜过厚，厚壁铸件的晶粒粗大，而且容易产生缩孔和缩松。铸件的强度并不随着厚度的增加而成正比增加，铸铁件更是如此。选用工字形、T 字形、槽形和箱形截面形状，或增设加强筋，均可在保证足够强度和刚度的同时，减少铸件壁厚。

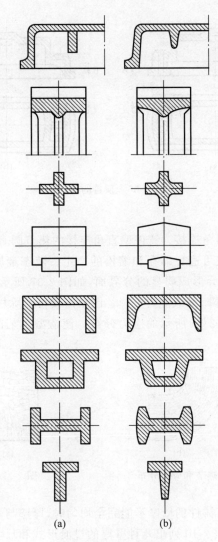

图 2-34　结构斜度

表 2-9　砂型铸造条件下铸件的最小壁厚

铸件尺寸/mm	铸钢	灰铸铁	球墨铸铁	可锻铸铁	铝合金	铜合金
＜200×200	8	4～6	6	5	3	3～5
200×200～500×500	10～12	6～10	12	8	4	6～8
＞500×500	15～20	15～20	15～20	10～12	6	10～12

注：若铸件结构复杂或铸造合金的流动性差,则应取上限值。

2) 铸件壁厚应尽可能均匀

铸件壁厚相差悬殊,则在壁厚处产生金属积聚,冷却凝固时容易在热节处产生缩孔和缩松,过大的热应力还会使铸件薄厚连接处产生变形和裂纹。图 2-35 所示为箱体顶盖的两种设计方案,方案(b)壁厚均匀,可以避免上述缺陷。

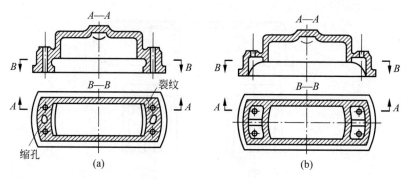

图 2-35 顶盖的设计

3) 铸件壁的连接

(1) 铸件壁相交要用圆角连接。铸件壁直角连接的热节圆直径明显大于圆角连接。如图 2-36 所示,采用圆角连接可避免缩孔和缩松的产生。液态金属结晶时,柱状晶和散热方向反向生成,在直角连接处会形成明显的分界面,如图 2-37 所示。这样在分界面会集聚许多杂质,使晶粒间结合力下降,承载能力下降。圆角连接可消除柱状晶的不良影响。圆角连接还可减少应力集中(如图 2-36 所示的应力分布),使造型工艺简单,减少掉砂等缺陷。圆角是铸件结构的基本特征。

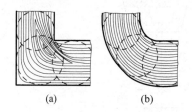

图 2-36 不同转角的热节和应力分布

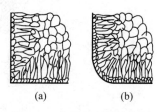

图 2-37 金属结晶的方向性

(2) 不同壁厚的连接。铸件的壁厚不能完全均匀时,厚壁与薄壁间的连接应逐渐过渡,以减少应力集中和裂纹。表 2-10 列出几种壁厚的过渡形式和尺寸。

表 2-10 几种壁厚的过渡形式和尺寸

图　　例		尺　　寸	
	$b \leqslant 2a$	铸铁	$R \geqslant \left(\dfrac{1}{6} \sim \dfrac{1}{3} \right) \dfrac{a+b}{2}$
		铸钢	$R \approx \dfrac{a+b}{4}$
	$b > 2a$	铸铁	$L > 4(b-a)$
		铸钢	$L \geqslant 5(b-a)$

续表

图　　例	尺　　寸	
	$b>2a$	$R\geqslant\left(\dfrac{1}{6}\sim\dfrac{1}{3}\right)\dfrac{a+b}{2}$ $R_1\geqslant R+\dfrac{a+b}{2}$ $c\approx 3\sqrt{b-a}$,　$h\geqslant(4\sim5)c$

（3）铸件壁应避免交叉和锐角连接。这是为了减少或分散热节,避免产生缩孔、缩松,减少铸造应力。铸件上加强筋的连接如图 2-38 所示,中小型铸件采用交错方格接头(如图 2-38(a)所示);大型铸件采用环状接头(如图 2-38(b)所示)。铸件壁之间的连接可用图 2-39(b)所示的接头结构形式。

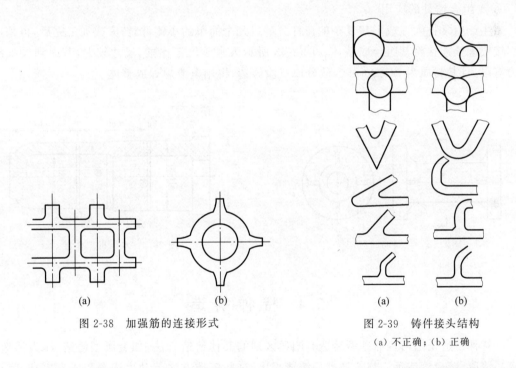

图 2-38　加强筋的连接形式

图 2-39　铸件接头结构

（a）不正确；（b）正确

（4）铸件收缩受阻。当铸件冷却收缩受到阻碍时,铸件内部产生的应力可能使铸件变形和开裂。图 2-40(a)所示为采用偶数直轮辐的铸件,在铸件冷却过程中,轮辐为受阻收缩,可能被拉裂。图 2-40(b)所示为弯曲轮辐或奇数轮辐,这样可减少轮辐的内应力,避免裂纹的产生。

（5）铸件应避免过大的水平面。过大的水平面浇注时,金属液面上升速度慢,对上型面烘烤时间长,易于产生浇不足、冷隔、夹砂和黏砂等缺陷。此外,水平面过大,也易于产生夹渣和气孔。图 2-41 所示为一罩壳铸件,把水平面改为倾斜面,则容易保证铸件质量。

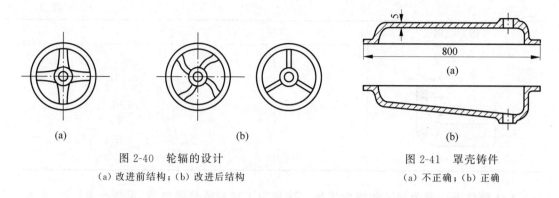

图 2-40　轮辐的设计
(a) 改进前结构；(b) 改进后结构

图 2-41　罩壳铸件
(a) 不正确；(b) 正确

(6) 铸件防裂筋的应用。对于铸钢、铸铝等容易产生热裂的合金，在铸件的易裂处应增设防裂筋，如图 2-42 所示。防裂筋的设置应与铸件应力方向平行，筋的厚度为铸件厚度的 1/3～1/4。由于防裂筋很薄，冷却凝固快，可具有较高的强度。

4) 组合铸件的应用

生产中常把大型或形状复杂的铸件分解成几个简单的小铸件，铸完或加工完后，再采用焊接或螺栓连接将其组合成整体。图 2-43 所示为水压机工作缸，尺寸较大，考虑到设备能力有限，且其材质为 ZG230-450，故分成三段铸造，再用电渣焊焊成整体。

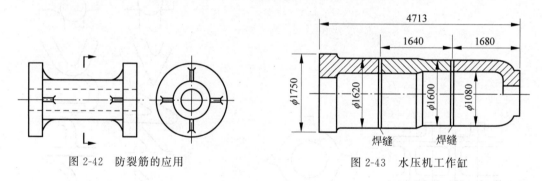

图 2-42　防裂筋的应用

图 2-43　水压机工作缸

2.4　特种铸造

特种铸造是指与普通砂型铸造有明显区别的其他铸造方法，如金属型铸造、压力铸造、离心铸造、熔模铸造等。与普通砂型铸造相比，这些铸造方法劳动生产率和成品率高，劳动条件好，铸件精度高、成本低。因此，特种铸造在铸造生产中的重要作用正在越来越明显地发挥出来。

2.4.1　金属型铸造

将液态金属浇入金属铸型中以获得铸件的工艺过程，称为金属型铸造。由于金属型能反复使用很多次，又称永久型铸造。

1. 金属型铸造工艺过程

金属型一般用铸铁(或铸钢)制成，铸件的内腔可用金属型芯或砂芯获得。金属型芯根据抽芯条件可做成整体的,或由几块拼合而成。金属型按分型面不同,可分为水平分型式、垂直分型式和复合分型式等。其中垂直分型式金属型便于开设浇口和取出铸件,易于实现机械化,应用最广。图 2-44 为铸造铝活塞金属型典型结构简图,它是垂直分型和水平分型相结合的复合结构,其左、右两半型用铰链相连接,以开合铸造。由于铝活塞内腔存有销孔内凸台,整体型芯无法抽出故采用组合金属型芯。浇注后先抽出 5 然后再取出 4 和 6。

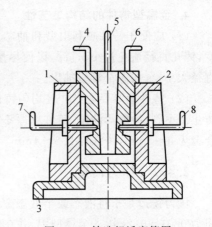

图 2-44　铸造铝活塞简图
1、2—左、右半型;3—底型;
4、5、6—分块金属型芯;7、8—销孔金属型芯

2. 金属型铸造型的工艺特点

金属型的导热速度快和无退让性,使铸件易产生浇不足、冷隔、裂纹及白口等缺陷。此外,金属型反复经受灼热金属液的冲刷,会降低使用寿命,为此应采用以下辅助工艺措施:

(1) 保持铸型合理的工作温度。浇注前预热金属型,可减缓铸型的冷却能力,有利于金属液的充型及铸铁的石墨化过程。生产铸铁件,金属型预热至 250～350℃;生产有色金属件预热至 100～250℃。

(2) 喷刷涂料。为保护金属型和方便排气,通常在金属型表面喷刷耐火涂料层,以免金属型直接受金属液冲蚀和热作用。因为调整涂料层厚度可以改变铸件各部分的冷却速度,并有利于金属型中的气体排出。浇注不同的合金,应喷刷不同的涂料。如铸造铝合金件,应喷刷由氧化锌粉、滑石粉和水玻璃制成的涂料;对灰铸铁件则应采用由石墨粉、滑石粉、耐火黏土粉及桃胶和水组成的涂料。

(3) 浇注。金属型的导热性强,因此采用金属铸型时,合金的浇注温度应比采用砂型高出 20～30℃。一般铝合金为 680～740℃;铸铁为 1300～1370℃;锡青铜为 1100～1150℃。薄壁件取上限,厚壁件取下限。铸铁件的壁厚不小于 15mm,以防白口组织。

(4) 控制开型时间。由于金属型无退让性,若停留时间过长,易引起过大的铸造应力而导致铸件开裂。通常铸铁件的出型温度为 700～950℃,开型时间为浇注后 10～60s。

3. 金属型铸造的特点及应用

(1) 实现了一型多铸,节省了配砂、造型、落砂等工序和大量造型材料,生产率提高,便于组织机械化、自动化生产。

(2) 铸件结晶细密,力学性能提高,精度(可达 CT6 级)和表面质量高(Ra12.5～6.3μm)。

(3) 加工余量小,节约原材料和加工工时。

(4) 节省生产场地,改善劳动条件。

金属型铸造的主要缺点是:金属型不透气且无退让性,铸件易产生浇不到、裂纹或白口等缺陷;金属型制造成本高、周期长,铸造工艺要求严格,不适于单件、小批量生产;由于金属型冷却速度快,不宜铸造形状复杂和大型薄壁件。所以,金属型铸造目前主要用于铜合金、铝合金和镁合金等有色合金铸件的大批量生产,如活塞、气缸盖、油泵壳体、轴瓦、轴套等。对黑色合金铸件,也只限于形状较简单的中、小铸件。

4. 金属型铸件的结构工艺性

(1) 应便于铸件顺利出型和抽芯。铸件外形和内腔应力求简单,并加大铸件的结构斜度,铸孔直径避免过小、过深,以便尽量采用金属型芯。如端盖铸件的内腔内大口小或铸孔直径太小,金属芯都难以抽出。

(2) 铸件壁厚要适当并且均匀铸件壁厚差别不宜过大,以防出现缩松或裂纹。同时,为防止浇不到、冷隔等缺陷,铸件壁厚不能过薄,如铝硅合金铸件的最小壁厚为 2~4mm,铝镁合金为 3~5mm,铸铁为 2.5~4mm。

2.4.2　压力铸造

压力铸造是指将液态或半液态金属以高压(30~150MPa)和高速(5~100m/s),充型时间为 0.01~0.2s 压入金属型中,并在压力下凝固,以获得铸件的工艺方法。它是一种发展较快、切削少或无须切削的精密铸造方法。

1. 压力铸造工艺过程

压力铸造是在压铸机上进行的。压铸机分为热压室式压铸机和冷压室式压铸机两类。热压室式压铸机由于压力较小,压室浸在金属液中易被腐蚀,只能用于铅、锡、锌等低熔点合金的压铸,故应用较少。目前广泛应用的是冷压室式压铸机,其压室和保温炉分开,在压射前才将金属液浇入压室进行压铸。这类压铸机采用 6.5~20MPa 的高压油驱动,合型力可达 250~2500N,用于压铸铝、镁、锌、铜等合金铸件。其压铸过程如图 2-45 所示。

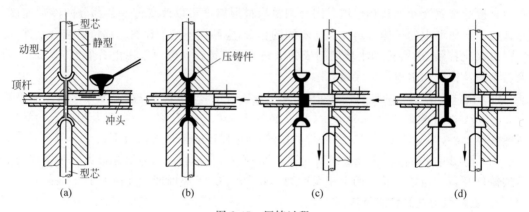

图 2-45　压铸过程

压力铸造的生产工艺过程如下:压铸所用的铸型叫压型,它是由两半个金属型所组成,与垂直分型式金属型相似,一半型固定在压铸机定模座板上,另一半型固定在压铸机动模座板上,并可随模板作水平移动。压型上装有顶出铸件机构和抽芯机构,可以自动顶出铸件和抽出型芯。压力铸造的生产工艺过程如图 2-46 所示。

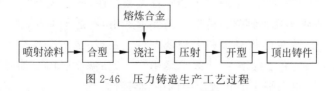

图 2-46　压力铸造生产工艺过程

2．压力铸造的特点及应用

（1）生产率比任何其他铸造方法都高，每小时可压铸 50～500 件，操作简便，易于实现半自动化或自动化生产。

（2）铸件精度（最高达 CT4 级）和表面质量高（$Ra3.2～0.8\mu m$），并可直接铸出极薄件、小孔、螺纹和齿形。

（3）由于压型散热快，铸件又在压力下结晶，故铸件组织细密，表层紧实，强度、硬度高。

（4）压铸实现了少屑无屑加工，省工、省料、省设备，还可采用镶铸法，使零件制造过程简化，零件成本大大降低。

（5）压铸机价格昂贵，压型制造费用高、周期长，不适于单件、小批量生产。由于压型寿命的原因，目前还不适于铸钢件和铸铁件等高熔点合金铸件的生产。压铸时液态金属充型速度极高，压型内气体很难完全排除，使压铸件内部存有大量的极小气孔和缩松。

压力铸造由于具有一系列优点，已广泛用于铝、镁、锌、铜等非铁金属铸件的大批生产，遍及汽车、拖拉机、精密仪器仪表、航空、航海和日用五金等多种行业。

3．压铸件的结构工艺性

（1）尽量消除内侧凹，保证铸件从压型中顺利取出及便于抽芯。因为铸件如侧凹朝内，则无法从压型中取出，若改为侧凹朝外，便可取出。

（2）壁厚应薄而均匀。压铸时金属充型速度和冷却速度快，故随壁厚的增加，排气、补缩趋于困难，导致气孔、缩孔、缩松等缺陷逐渐增多。所以在保证铸件强度和刚度的前提下，应尽量减小壁厚，使壁厚均匀，并可采用加强肋减小壁厚。适宜的壁厚与金属种类有关：一般来说，锌合金为 1～4m，铝合金为 1.5～5m，铜合金为 2～5m。

（3）充分利用并合理设计镶嵌件。为使嵌件在铸件中连接牢靠，应将嵌件镶入铸件的部分制出凹槽、凸台或滚花等。

2.4.3　低压铸造

低压铸造是铸型一般安置在密封的坩埚上方，坩埚中通入压缩空气，在熔融金属的表面上造成低压（0.02～0.06MPa），使金属液由升液管上升填充铸型和控制凝固的铸造方法。低压铸造时，熔融金属所受压力较压力铸造低，是介于重力铸造（砂型、金属型铸造）和压力铸造之间的一种铸造方法。

1．低压铸造的工艺过程

低压铸造的原理如图 2-47 所示。具体工艺过程如下：

（1）将金属、升液管和铸型装配好，盖好密封盖。

（2）向密封金属液的坩埚中通入干燥的压缩空气（或惰性气体），使金属液在压力作用下自下而上地通过升液管而进入铸型，并在压力下凝固。

（3）解除压力，使升液管和浇注系统中未凝固的金属液流回坩埚。

（4）打开铸型，取出铸件。

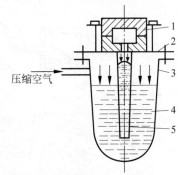

图 2-47　低压铸造的原理

1—铸型；2—密封盖；

3—坩埚；4—金属液；5—升液管

2. 低压铸造的特点及应用

低压铸造介于重力铸造和压力铸造之间,它具有以下优点:

(1) 浇注及凝固时的压力容易调整、适应性强,可用于各种铸型、各种合金及各种尺寸的铸件。

(2) 底注式浇注充型平稳,减少了金属液的飞溅和对铸型的冲刷,可避免铝合金件的针孔缺陷。

(3) 铸件在压力下充型和凝固,其浇口能提供金属液来补缩,因此铸件轮廓清晰,组织致密。

(4) 低压铸造的金属利用率高,约 90% 以上。

(5) 设备简单,劳动条件较好,易于机械化和自动化。

其主要缺点是升液管寿命短,且在保温过程中金属液易氧化和产生夹渣。

低压铸造是 20 世纪 60 年代发展起来的新工艺,尽管其历史不长,但因上述优越性,已受到国内外的普遍重视。目前主要用来生产质量要求高的铝、镁合金铸件,如气缸体、缸盖、曲轴箱、高速内燃机活塞、纺织机零件等,并已用它成功地制出重达 30t 的铜螺旋桨及球墨铸铁曲轴等。

2.4.4　离心铸造

将液态金属浇入高速旋转(转速一般为 250~1500r/min)的铸型中,使金属液在离心力作用下填充铸型和结晶而获得铸件的方法,称为离心铸造。其铸型可用金属型、砂型等。

1. 离心铸造工艺过程

离心铸造是在离心铸造机上进行的。离心铸造机按其旋转轴位置的不同,分为立式和卧式两种,如图 2-48 所示。立式离心铸造机主要用于铸造环套类短铸件或成型铸件,卧式离心铸造适用于铸造长度较大的套筒及管类铸件。在卧式离心铸造机上铸型是绕水平轴回转时,由于铸件各部分的冷却、成型条件基本相同,所得铸件的壁厚在轴向和径向都是均匀的,因此卧式离心铸造机应用广泛,常用来制造各种铸管、缸套等铸件。

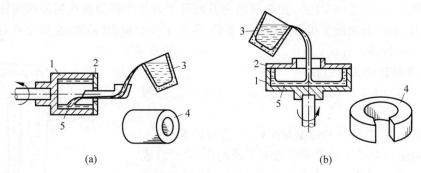

图 2-48　离心铸造示意图

(a) 卧式离心铸造示意图;(b) 立式离心铸造示意图

1—铸型;2—端盖;3—浇包;4—铸件;5—液体金属

2. 离心铸造的特点及应用

离心铸造具有如下优点:

（1）当铸造圆形内腔铸件时，可省去型芯，铸件上无浇注系统，使液态金属的耗用量减少，金属利用率高，可达 90%～95%。

（2）在离心力作用下，金属中的气体、熔渣均集中于内表面，金属从外向内呈方向性结晶，铸件组织细密，无缩孔、气孔、渣眼等缺陷，力学性能好。

（3）合金的充型能力强，适于流动性差的合金和薄壁铸件的生产。

（4）离心铸造还可用于铸造"双金属"铸件，如缸套离心挂铜，其结合面牢固、耐磨，又能节省许多贵重金属材料。

但是离心铸造铸件的内孔自由表面粗糙、尺寸误差大、质量差。不适于密度偏析大的合金（如铅青铜等）及铝、镁等轻合金。

离心铸造主要用来生产大批套、管类铸件，如铸铁管、煤气管、水管、铜套、缸套、双金属钢背铜套等。此外，还可以用于轮盘类铸件，如泵轮、电机转子等铸件的制造。

2.4.5　熔模铸造

熔模铸造是最常用的精密铸造方法。它是用蜡料制成和铸件形状相同的蜡模，然后在蜡模表面涂挂一定厚度的耐火涂料和石英砂，经硬化、干燥后将蜡模熔出，得到一个中空的、无分型面的耐火型壳，再经干燥和高温焙烧，浇注，获得铸件，所以也称为"失蜡铸造"。

1. 熔模铸造工艺过程

熔模铸造工艺过程包括制造蜡模、制出耐火型壳、造型和浇注等，如图 2-49 所示。

（1）制造母模和压型。母模是用钢或黄铜制出的标准铸件，尺寸上比铸件大出蜡料及铸造合金的双重收缩量，母模用于制造压型。压型是用于制造蜡模的特殊铸型，如图 2-49（a）所示。为保证蜡模质量，压型内表面必须有很高的尺寸精度和表面粗糙度。

（2）压制蜡模。蜡模材料常用 50%石蜡和 50%硬脂酸配制成低熔点蜡料，将蜡料熔为糊状，以 0.2～0.4MPa 的压力将蜡料压入压型内，如图 2-49（b）所示；待凝固后取出蜡模，修去毛刺，可得到带有内浇口的单个蜡模，如图 2-49（c）所示。

（3）装配蜡模，制成蜡模组。为了能一次铸出多个铸件，一般将若干个单个蜡模焊装在预制好的蜡质浇口棒上，制成蜡模组，如图 2-49（d）所示。

（4）结壳。将脱脂处理后的蜡模组浸入由石英粉和水玻璃配制的稀糊状涂料内，使涂料均匀地覆盖在蜡模组表层，再放入硬化剂（20%～25%氯化铵溶液）中硬化。如此反复几次，使型壳厚度达 5～10mm，如图 2-49（e）所示。

（5）脱蜡。将型壳放入 85～95℃的热水中，使蜡模及浇注系统的蜡料熔化，上浮脱出。蜡料回收后可重复使用，如图 2-49（f）所示。

（6）造型和焙烧。为提高型壳的强度，避免浇注时型壳变形或破裂，需将型壳置于砂箱中，周围用干砂填紧，称为造型。将造好的铸型（包括砂箱和其中的型壳）入炉焙烧至 850～900℃，以完全除去型壳内水分、残余蜡料、氯化铵及碱性氧化物，使型壳耐火度进一步提高，避免铸件产生黏砂缺陷。高强度型壳可不造型，焙烧后即可浇注。

（7）浇注。为提高液态金属的充型能力，避免产生浇不足缺陷，焙烧出炉后的型壳要在 600～700℃趁热浇注，这样可铸出薄而复杂、轮廓清晰完整的精密铸件，如图 2-49（g）所示。

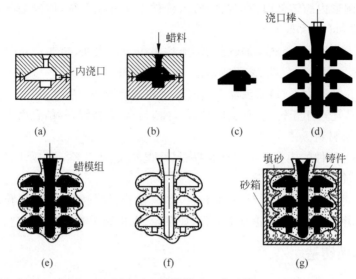

图 2-49　熔模铸造工艺过程

(a) 压型；(b) 注蜡；(c) 单个蜡模；(d) 蜡模组；(e) 结壳；(f) 脱蜡、焙烧；(g) 填砂、浇注

2. 熔模铸造的特点及应用

熔模铸造有如下特点：

(1) 铸件尺寸精度可达 CT4 级，表面粗糙度低($Ra12.5\sim1.6\mu m$)。这主要是因为铸件无分型面，型壳内表面极光洁，耐火度高，不黏砂。

(2) 因浇注时型壳温度高，从而保证金属液具有足够的流动性，故可铸出形状复杂的薄壁铸件。

(3) 由于型壳的耐火度高，所以不仅能铸造低熔点合金铸件，还可用于铸造高熔点合金和难以切削加工的铸件，如耐热合金和磁钢等铸件。

(4) 生产批量不受限制，既可用于大批量生产，也可用于单件、小批量生产(此时采用易熔合金压型)。

(5) 熔模铸造工艺复杂，生产成本高，不易实现机械化，且铸件的质量受到限制(从几克到几十千克，一般不超过 25 千克)等。

熔模铸造主要用来生产各种汽轮机、燃气轮机和发动机叶片、叶轮、切削刀具，以及汽车、拖拉机、风动工具和机床上的各种小零件和钻头等。目前，熔模铸造作为近于压铸精度的精密铸造方法，其应用还在日益扩大。

2.5　液态成型新技术

除了金属型铸造、压力铸造、离心铸造、熔模铸造外，工业上有时还应用其他特种铸造方法，如消失模铸造、磁型铸造、差压铸造、壳型铸造等。下面作简单的介绍。

2.5.1　消失模铸造

消失模铸造是指采用聚乙烯泡沫塑料模样代替普通模样置入可抽真空的密封砂箱中，

填干沙后震动紧实,抽真空,不取模样,直接浇注,泡沫塑料模在与金属液接触后受热汽化、燃烧而消失,金属液充满型腔,冷却后获得铸件的一种铸造方法。该法又称为汽化模型铸造或真空实型铸造。它具有铸件表面光洁、尺寸精度高;铸件设计的灵活性强、自由度大;劳动强度降低、生产率高等优点。主要应用于汽车进气管、气缸盖、曲轴、气缸体、阀体、电动机壳体、变速箱壳体、轮毂等。

2.5.2　磁型铸造

磁型铸造是德国在研究消失模铸造的基础上发明的铸造方法,其实质是采用铁丸代替型砂及型芯砂,用磁场作用力代替铸造黏结剂,用泡沫塑料消失模代替普通模样的一种新的铸造方法。与砂型铸造相比,主要差别在于造型材料为磁性材料(铁丸或钢丸)而非砂子,因而具有铸件质量高、工艺灵活、适应性广、成本低等特点。目前主要应用于汽车零件等精度要求高的中小型铸件生产。

2.5.3　差压铸造

差压铸造又称反差铸造,指液态金属在压差的作用下,浇注到预先有一定压力的型腔内,凝固后获得铸件的一种工艺方法。它具有铸件充型性好,表面质量高;铸件晶粒细,组织致密,力学性能好;可以实现可控气氛浇注,提高了金属的利用率;劳动条件好等优点。但由于差压铸造设备昂贵,工艺技术复杂,生产成本高,其应用和发展多集中于航空、航天、船舶、兵器工业领域,生产一些大型、薄壁筒体铸件。

2.5.4　壳型铸造

壳型铸造是指酚醛树脂覆膜砂在 $180\sim280℃$ 模板上形成一定厚度 $(6\sim12\text{mm})$ 薄壳,再加温固化薄壳,使达到需要的强度和刚度。它具有混制好的覆模砂,可以长期储存(三个月以上),无需捣砂,能获得尺寸精确的砂型和砂芯;砂型、砂芯强度高,易搬运;透气性好,可用细的原砂得到光洁的铸件表面;无需砂箱等优点。但酚醛树脂覆模砂价格较贵,造型、造芯耗能较高。目前该法不仅可用于造型,更主要的是用于制壳芯。壳型铸造多用于生产液压件、凸轮轴、曲轴以及耐蚀泵体、履带板等钢铁铸件上;壳芯多用于汽车、拖拉机、液压阀体等部分铸件上。

2.5.5　各种铸造方法比较

总的来说,铸造是一种不受尺寸、形状、合金种类和质量限制的液态成型方法,但在成型某一铸件时,首先得选定铸造方法。从上述各种铸造方法的介绍可知,没有哪一种方法可满足或适合所有的情况,每一种方法都有优缺点,都有各自最适合的情况,其选择的原则有时可能只取决于某一因素,而有时又会是几个因素共同起作用。选择铸造方法时,首先要熟悉各种铸造方法的基本特点,其次从技术、经济、生产条件三个方面综合分析比较,确定出最佳的铸造方法,即选用成本低,在现有或可能的生产条件下制造出合乎质量要求的铸件。表 2-11 对常见几种铸造方法的基本特点及应用进行比较。

表 2-11　几种铸造方法的比较

比较项目 \ 铸造种类	砂型铸造	熔模铸造	金属型铸造	低压铸造	压力铸造	离心铸造
适用合金的范围	无限制	以碳钢和合金钢为主	以有色金属为主	以有色金属为主	用于有色合金	多用于黑色金属,铜合金
适用铸件的大小及质量范围	无限制	一般<25kg	中小件,铸钢可达数吨	中小件可达数百千克	一般中小型铸件	中小件
适用铸件的最小壁厚范围/mm	灰铸件 3,铸钢件 5,有色合金 3	通常 0.7,孔 Φ1.5～2.0	铝合金 2～3,铸铁>4,铸钢>5	通常壁厚 2～5,最小壁厚 0.7	铜合金<2,其他 0.5～1,孔 Φ0.7	最小内孔为 Φ7
表面粗糙度/μm	粗糙	6.3～1.6	12.5～1.6	3.2～0.8		
尺寸公差/mm	CT11～13	CT4	CT6	CT6	CT4	
金属利用率/%	70	90	70	80	95	70～90
铸件内部质量	结晶粗	结晶粗	结晶细	结晶细	结晶细	结晶细
生产率(在适当机械化、自动化后)	可达 240 箱/h	中等	中等	中等	高	高
应用举例	各类铸件	刀具、机械叶片、测量仪表、电风设备等	发动机、汽车、飞机、拖拉机、电器零件等	发动机、电器零件;叶轮、壳体、箱体等	汽车、电器仪表、照相器材、国防工业零件等	各种套、环、筒、辊、叶轮等

复习思考题

1. 铸造的成型特点及存在的主要问题是什么?

2. 什么叫合金的流动性? 过热度相同的两种铸造合金(含碳量为 4.0%的灰铸铁和含碳量为 0.35%的钢)流动性如何? 为什么?

3. 提高浇注温度可提高液态合金流动性,为什么又要防止浇注温度过高? 铸造生产中的"高温出炉,低温浇注"是什么含义?

4. 合金收缩由哪三个阶段组成? 各会产生哪些铸造缺陷?

5. 铸造内应力按其产生原因可分为哪几类? 减少和消除应力的方法有哪些?

6. 某种铸件经常产生裂纹,如何区分其裂纹性质? 如果属于冷裂,产生原因有哪些? 如果是热裂,其原因又有哪些?

7. 在铸造工艺设计中,浇注位置和分型面确定的原则各是什么?

8. 为什么真正空心球不采用工艺措施是不能铸出的? 采取什么工艺措施? 试画图表示。

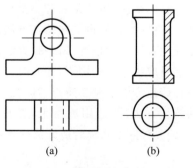

(a)　　　(b)

图　2-50

9. 确定图 2-50 中各铸件手工造型的分型面和浇注位置,并画出芯头形状。

10. 如图 2-51 所示,各铸件的结构有何缺点? 应如何改进?

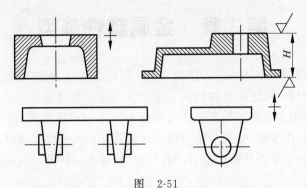

图　2-51

11. 什么是铸件的结构工艺性? 应从哪几个方面保证铸件有较好的结构工艺性?

12. 为什么要规定铸件的最小壁厚? 灰铸铁件的壁厚过大或局部过薄会出现哪些问题?

13. 金属型铸造有何特点? 它为何不能广泛代替砂型铸造?

14. 压力铸造有何特点? 它与熔模铸造的适用范围有何明显不同?

15. 什么是离心铸造? 离心铸造有哪些优点? 最适于生产哪类铸件?

16. 低压铸造的工作原理与压力铸造有何不同? 为什么铝合金常采用低压铸造?

17. 大批量生产铝活塞、汽轮机叶片、车床床身、气缸套、摩托车气缸体、齿轮铣刀、大口径污水管铸件,选用什么铸造方法为宜?

第3章 金属塑性成型

金属塑性成型是利用金属在外力作用下产生塑性变形,从而获得具有一定几何形状、尺寸和力学性能的原材料、毛坯或零件的加工方法。金属塑性成型在工业生产中称为压力加工。压力加工时,作用在金属坯料上的外力可分为冲击力和压力两类。锤类设备向金属坯料施加冲击力使之产生变形,轧机与压力机则向金属坯料施加静压力以产生塑性变形。

金属塑性成型的主要方法有锻造、轧制、拉拔、挤压和冲压等。与其他成型工艺相比,具有以下特点:

(1) 改善金属的组织,提高金属的力学性能。金属材料经压力加工后,可以消除金属铸锭内部的气孔、缩孔等,使其组织、性能得到改善和提高。

(2) 提高材料的利用率。金属塑性成型时,体积进行重新分配,形状改变和切除金属少,因而材料利用率高。

(3) 具有较高的生产率和精度。塑性成型加工一般利用压力机和模具进行成型加工,生产效率高。另外,塑性成型加工时,利用先进的设备可实现少切削或无切削加工,故精度高。

(4) 适应性广,用塑性成型加工方法能生产出小至几克的仪表零件,大至上百吨重的大型锻件。

但是塑性成型也存在缺点:如锻件的结构工艺性要求较高;对形状复杂特别是内腔复杂的零件或毛坯难以甚至不能锻压成型;塑性加工方法需要重型的机器设备和较复杂的模具,模具的设计制造周期长,初期投资费用高,等等。

总之,塑性成型具有独特的优越性,获得了广泛的应用,凡承受重载荷、对强度和韧性要求高的机器零件,如机器的主轴、曲轴、连杆、重要齿轮、凸轮、叶轮及炮筒、枪管、起重吊钩等,通常均采用锻件作毛坯。据统计,在飞机上,锻件质量占总量的 85%,在汽车上占 80%,在机车上占 60%。

3.1 金属塑性形变理论基础

经过压力加工之后,金属材料发生塑性形变。在改变坯料的形状和尺寸的同时,其内部组织也发生了很大变化,从而使金属的性能得到改善和提高。因此,塑性形变理论是金属压力加工的理论基础。为了能够合理设计压力加工成型的零件和正确地选用压力加工方法,必须了解塑性形变的实质、规律和影响因素。

3.1.1 金属塑性形变的实质

金属材料在外力作用下,其内部会产生应力。在它的作用下,原子将离开原来的平衡位置,于是,原子间的距离被改变,从而使金属发生变形,并使原子的位能增高而处于高位能不稳定状态。当外力作用停止后,如果变形不大,原子就能自发地回到平衡位置,应力消失,变形亦随之消失,这类变形称为弹性变形。当变形增大到一定程度后,即使外力的作用停止,金属的部分变形也不消失,这部分变形称为塑性变形。金属塑性变形的实质是通过晶粒内部产生滑移,晶粒间也产生滑移,同时晶粒发生转动来进行的。图 3-1 是单晶体的滑移变形示意图,图 3-1(a)是变形前的情况;当切应力较小时,晶格将发生弹性变形(图 3-1(b));当切应力增大到超过受剪晶面的滑移抗力时,该晶面两侧的晶体即发生沿该晶面(称为滑移面)的相对滑移。当滑移面上每一个原子移动一定距离后,在新的位置上重新处于稳定状态(图 3-1(c))。当应力消除后,弹性变形消失,但滑移引起的变形被保留下来,形成塑性变形(图 3-1(d))。根据以上讨论可知,只有在切应力的作用下才能产生滑移。滑移是塑性变形的主要形式。

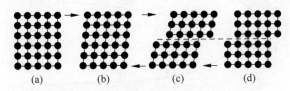

(a)　　　　(b)　　　　(c)　　　　(d)

图 3-1　单晶体的滑移变形示意图

　　实际使用的金属并不是单晶体,而是由许多晶格位向不同的晶粒组成的多晶体;多晶体内部每个晶粒范围内的变形与前述的单晶体的变形情况相似。但是,由于多晶体内部各个晶粒的晶格位向不同,晶粒之间存在着晶界,当受到外力作用时,有的晶粒处于易发生滑移的位向,有的晶粒则处于不易发生滑移的位向,导致多晶体的变形不均匀。因此,在多晶体的塑性变形中,除了各晶粒内部的变形(称为晶内变形)外,各晶粒之间也存在着变形(称为晶间变形)。多晶体的变形可以看作是各个晶粒的晶内变形和晶间变形的总和(见图 3-2)。由于在晶界上原子排列的规律性差,且又容易聚集各种杂质,晶界的阻碍作

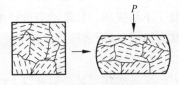

图 3-2　多晶体塑性变形示意图

用使晶间变形极为困难,所以多晶体的塑性变形主要是晶内变形,其次才是晶间变形。因此,金属的塑性变形性能不仅与原子间结合力的大小有关,还与晶粒的大小有关。晶粒越细,单位体积内的晶粒越多,则总晶界面积越大,对塑性变形的抗力也越大,因而强度也越高。同时,由于细晶粒金属的晶粒比粗晶粒金属多,塑性变形时单位体积内位向有利于滑移的晶粒也多。这样,金属的变形就会比较分散地分布于较多的晶粒内,比较均匀,降低了由于变形不均匀所造成的应力集中,使之可以承受较大的塑性变形而不被破坏。所以,细晶粒金属的塑性也要好得多。因此,生产中经常采用压力加工方法细化金属的晶粒,从而改善其力学性能。

3.1.2　冷变形和热变形后的金属组织与性能

1. 冷变形

　　在某一温度(再结晶温度)以下进行的塑性变形称为冷变形。冷变形后金属的内部组织将发生变化,从而导致其性能发生变化。冷变形对金属性能的主要影响是产生加工硬化,即随着塑性变形量的增加,金属的强度和硬度增高,塑性与韧性下降,如图 3-3 所示。产生加工硬化的原因是由于塑性变形时,晶粒被拉长、压扁,增大了晶界面积,滑移面附近晶格的强

烈扭曲和滑移面上晶粒产生的"碎晶块",增大了滑移阻力,阻碍了滑移的继续进行。加工硬化是提高金属强度、强化金属材料的重要方法之一。这对于奥氏体不锈钢等不能采用热处理方法强化的金属材料更为重要。但是,加工硬化导致工件在变形过程中产生裂纹,不利于塑性变形的继续进行。因而,在实际生产中,经常在塑性变形量较大的工序后,采取工艺措施减少或消除加工硬化,从而再次获得良好的塑性。

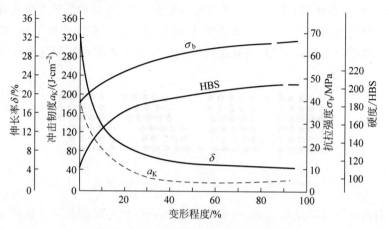

图 3-3　冷变形对低碳钢力学性能的影响

加工硬化状态是一种内部能量较高的不稳定状态,具有回复到稳定状态的趋势,但在室温下不易实现。如果适当进行加热,增大原子的扩散能量,即可以促使金属向低能量的稳定状态转变,从而消除加工硬化。

1) 回复

金属加热到某一温度以上时,通过原子的少量扩散而消除晶粒的晶格扭曲,可显著降低金属的内应力,这一过程称为回复,这一温度称为回复温度。

对于纯金属来说,回复温度与熔化温度之间大致存在以下关系:

$$T_{回} \approx (0.25 \sim 0.3) T_{熔}$$

式中,$T_{回}$ 为金属回复的绝对温度,K;$T_{熔}$ 为金属熔化的绝对温度,K。

经过回复过程后,因显微组织没有发生明显的变化,金属的强度和塑性变化不大。

2) 再结晶

如果继续提高加热温度,金属原子获得更多的热能,扩散能力便大为加强。当加热到某一温度以上时就会开始以某些碎晶或杂质为晶核进行结晶,形成新的晶粒,从而可以全部消除加工硬化,这一过程称为再结晶。能够进行再结晶的最低温度称为再结晶温度。就纯金属而言,再结晶温度与其熔化温度间大致存在以下关系:

$$T_{再} \approx 0.4T_{熔}$$

式中,$T_{再}$ 为金属再结晶的绝对温度,K。

经过再结晶过程后,金属的强度和硬度下降而塑性提高。实际生产中,常采用再结晶退火的方法实现该过程。为了加速再结晶过程,一般选用的再结晶退火温度要比其再结晶温度高 100～200℃。实际操作时,要注意避免因退火温度过高、保温时间过长,使再结晶生成的细晶粒再长大为粗晶粒,从而导致金属的力学性能下降。

2. 热变形后的金属组织与性能

变形温度在再结晶温度以上的塑性变形叫热变形。热变形后金属的组织和力学性能可得到明显的改善。金属压力加工最初始的坯料是铸锭，其内部组织总是存在不均匀（偏析）现象，晶粒粗大，而且存在气孔、缩孔、缩松、非金属夹杂物和疏松层组织等缺陷。通过热变形加工后，由于金属经过塑性变形和再结晶，铸锭中粗大铸造组织转变为细化的再结晶组织，且气孔、缩孔、缩松、细微裂纹等缺陷被压合，使组织更为致密。从而使金属的力学性能得到提高。此外，在变形过程中，沿晶粒边界分布的夹杂物会沿着晶粒的变形方向被拉长或压扁，形成化学稳定性很高的纤维组织。纤维组织的明显程度与变形程度有关：变形程度越大，则纤维组织越明显。纤维组织的存在使金属的性能表现出方向性（各向异性），沿纤维方向（平行于纤维方向）的力学性能优于横向的力学性能（剪切强度是一个例外，垂直于纤维方向的剪切强度高于平行纤维方向的剪切强度），特别是塑性和韧性更为明显。

纤维组织难以用热处理或其他加工方法消除，只能用锻造的方法改变其方向和分布。因此，设计和制造锻件时，对于纤维组织的合理分布要有充分的考虑，以扬长避短。一般应遵循如下原则：

（1）纤维的分布应尽量与零件的轮廓一致，尽量使纤维组织不被切断。

（2）应尽量使零件所承受的最大正应力方向与纤维方向一致，最大切应力方向与纤维方向垂直。

图 3-4(a)表示用棒料直接经切削加工制造的螺钉。其头部和杆部的纤维不完全连贯，部分被切断，而螺钉头部所受切应力顺着纤维方向，所以承载能力较弱，不能用于要求承载能力较大的场所。图 3-4(b)所示的螺钉是采用局部墩粗工艺制造的。此时，螺钉头部纤维因弯曲而与轮廓一致，且与杆部纤维连贯，未被切断，所以具有较高的承载能力。

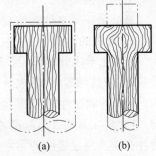

(a)　　　　　(b)

图 3-4　螺钉的纤维组织比较

(a) 切削加工制造的螺钉；

(b) 局部墩粗制造的螺钉

3.1.3　金属的变形程度

金属的变形程度通常用锻造比表示。对于不同的锻造工序，锻造比的表达方式有所不同。拔长时的锻造比 $Y_{拔}$ 为

$$Y_{拔} = \frac{F_0}{F} \tag{3-1}$$

式中，F_0 为坯料变形前的截面积；F 为坯料变形后的截面积。

墩粗时的锻造比 $Y_{墩}$ 为

$$Y_{墩} = \frac{H_0}{H} \tag{3-2}$$

式中，H_0 为坯料变形前的高度；H 为坯料变形后的高度。

选择合适的锻造比对于获得理想的工件性能是很重要的。例如，钢锭拔长时，随着锻造比 $Y_{拔}$ 的增大，加工后钢锭内部的缺陷逐渐被消除，力学性能得到明显提高。当 $Y_{拔}$ 为 2～5 时，由于形成明显的纤维组织，力学性能表现出方向性；当 $Y_{拔}$ 大于 5 时，纵向性能不再提高，横向性能则显著下降。锻造中，当采用型材作为坯料时，一般取 $Y_{拔} = 1.1～1.3$；采用碳钢钢锭作为坯料时，一般取 $Y_拔 = 2 \sim 3$；采用合金结构钢钢锭作为坯料时，一般取 $Y_拔 = 3 \sim 4$；对于某些合金结构钢，为了击碎坯料中粗大的碳化物并使之均匀分布，应选择较大的锻造比，如采用高速钢作为坯料时，取 $Y_拔 = 5 \sim 12$。

在冷冲压成型工艺中，表示变形程度的技术参数有相对弯曲半径(r/t)、拉伸系数(m)、翻边系数(k)等。挤压成型时则用挤压断面收缩率(ε_p)等参数。

3.1.4　金属锻造性能

金属的锻造性能是衡量金属材料在经受塑性成型时获得合格零件难易程度的工艺性能。金属的锻造性能好，表明其适合采用塑性成型方法成型；锻造性能差，说明该金属不适于采用塑性成型方法成型。

金属的锻造性能常用其塑性与变形抗力综合衡量。塑性好、变形抗力小的金属锻造性能好，反之则差。塑性的衡量指标包括断面收缩率 ψ、断后伸长率 δ 和冲击韧性 a_K 等，ψ、δ、a_K 值越大，金属的塑性就越好，塑性变形时越不易开裂。变形抗力是指塑性变形时，金属抵抗外力作用的能力。变形抗力小，表明该金属锻造时省力，耗能少，工模具磨损小。

影响金属锻造性能的主要因素是金属的本质和加工条件。

1. 金属的本质

(1) 化学成分的影响。纯金属的锻造性能一般优于其相应的合金。合金中合金元素含量越高，杂质越多，化学成分越复杂，则其锻造性能就越差。例如，纯铁具有良好的锻造性能；碳钢的锻造性能随其含碳量的增加而降低；合金钢的锻造性能低于相同含碳量的碳钢，且合金元素的含量越高，其锻造性能越差；合金钢中如果含有可形成硬而脆的金属化合物并提高其高温强度的元素(如铬、钨、钼、钒、钛等)时，其锻造性能显著下降。

(2) 内部组织的影响。纯金属及固溶体的锻造性能一般都较好。晶格类型不同，会影响滑移面和滑移方向数目的不同，因而表现出不同的滑移能力。面心立方晶格的滑移能力最强，因而塑性最好，变形抗力最小；体心立方晶格次之；密排立方晶格最差。碳化物的晶格复杂，因而其塑性差且变形抗力大。合金中含有多种不同性能的组织，锻造时因为各组织成分不均匀变形而容易造成开裂。铸态柱状晶粒和粗晶粒结构的锻造性能不如晶粒细小而又均匀的组织。

2. 加工条件

(1) 变形温度的影响。提高金属的变形温度不仅是改善其锻造性能的有效措施，而且对生产率、产品质量和金属的有效利用均有很大影响。

金属在加热时，随着变形温度的升高，原子的热运动速度加快，动能增加，削弱了原子间的结合力，减小了滑移阻力，因而其塑性提高，变形抗力减小，改善了金属的锻造性能。当变形温度升高至再结晶温度以上时，由于再结晶速度高于变形过程中产生加工硬化的速度，使金属获得完全再结晶组织而没有加工硬化；随着温度的进一步升高，某些具有同素异构性的合金还会有组织转变，如高温时碳钢中的渗碳体溶入固溶体而变为具有面心立方晶格的单相奥氏体组织，均会提高金属的塑性，降低其变形抗力，从而改善金属的锻造性能。但变形温度太高时，会产生过热、过烧、脱碳和严重氧化等缺陷，甚至造成报废。综合以上分析可知，必须严格控制金属的变形温度范围。图 3-5 以 Fe-Fe₃C 合金状态图为依据，表示了碳钢的锻造温度范围。如该图所示，碳钢的始锻温度(开始锻造的温度)比 AE 线低 200℃左右，终锻温度(终止锻造的温度)为 800℃左右。应避免出现过低的终锻温度,以免因加工硬化严重、变形抗力剧增而使加工难以进行。强行进行低温锻造会导致锻件破裂。

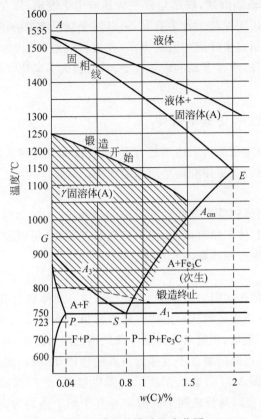

图 3-5　碳钢的锻造温度范围

(2) 变形速度的影响。变形速度是指单位时间内金属的变形程度。变形速度对锻造性能的影响如图 3-6 所示。当变形速度较低(小于图中的临界值 a)时,随着变形速度的增大,塑性降低而变形抗力增大,金属的锻造性能下降。这是由于再结晶不能充分进行,加工硬化积累的结果。变形速度超过临界速度 a 后,由于塑性变形所消耗的能量有一部分转化为热能,使金属温度升高(称为热效应现象),塑性变大,变形抗力减小,因而锻造性能变好。普通锻造设备不能使变形速度超过 a 值,所以一般对塑性低的金属均应选用较低的变形速度。

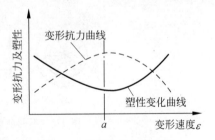

图 3-6　变形速度对塑性及
变形抗力的影响

(3) 应力状态的影响。变形方式不同则变形区金属的应力状态亦不相同。挤压变形时金属承受三向压应力;拉拔变形时金属承受两向压应力、一向拉应力。试验表明,在三向应力状态中,压应力的数目越多,则金属的塑性越好;拉应力数目越多,则塑性越差。当金属处于拉应力状态时,如果其内部存在气孔、小裂纹等缺陷,就容易在缺陷处形成应力集中而导致缺陷的发展;压应力使金属内部原子间距减小,又不易使缺陷扩展,故金属的塑性会增高,但压应力同时又使金属内部摩擦增大,变形抗力也随之增大,为实现变形加工,就要相应增加设备吨位,以增加变形力。因此,在选择具体加工方法时,应考虑应力状态对金属可锻性的影响,对于塑性较低的金属,应尽量在三向压应力下变形,以免产生裂纹;对于本身塑性较高的金属,变形时出现拉应力较为有利,可以减少变形能量的消耗。

综上所述,影响金属锻造性能的因素很多,在进行锻造加工时,应仔细地分析金属的本质,适当地选择加工条件,改善金属的锻造性能,从而提高劳动生产率和产品质量,并降低能量消耗。

3.1.5　金属塑性形变基本规律

金属塑性形变的规律是制订锻造工艺方案、进行模具设计和工艺操作的主要依据之一,其基本规律主要有体积不变定律和最小阻力定律等。

1. 体积不变定律

金属塑性形变后的体积等于其塑性变形前的体积,这一规律称为体积不变定律。铸锭经锻造后其致密度增加,体积略有减少,但因相对数量很小,可以忽略不计。计算坯料尺寸和工序间尺寸时,都必须应用体积不变定律。

2. 最小阻力定律

金属塑性形变时,首先向阻力最小的方向流动,这一规律称为最小阻力定律。不同截面试样的镦粗形变可以清楚地证明这一定律。正方形横截面试样镦粗时,由于各金属质点引向周边的法线方向距离最短,该质点流向这一条周边的阻力最小,所以由正方形对角线所划分出的四个区域中的质点都向垂直于最邻近该点的边流动,因而镦粗时试样由正方形截面逐渐变成圆形截面,如图 3-7(b)虚线图所示。同样道理,圆形截面的金属沿径向流动,如图 3-7(a)所示;长方形截面则分成四个区域朝垂直于四个边的方向流动,最后逐渐变成椭圆形,如图 3-7(c)所示。最小阻力定律在锻造工艺中应用的实例很多,例如,拔长时,必须适当地确定材料的送进速度,以避免因送进量过大而增大金属的横向流动比例,反而降低拔长效率。

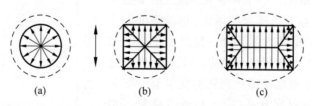

(a)　　　　　　　　　(b)　　　　　　　　　(c)

图 3-7　不同截面试样镦粗时金属的流动方向示意图

(a) 圆形;(b) 正方形;(c) 长方形

3.2　自　由　锻　造

金属坯料在锻造设备的上、下砧铁或简单的工具之间,受冲击力或压力产生塑性变形的工艺叫做自由锻造。自由锻造时金属能在垂直于压力的方向自由伸展变形,而锻件的形状尺寸主要由工人操作控制。

自由锻造能生产各种大小的锻件。对于大型锻件,自由锻造是唯一可能的生产方法。

自由锻造采用通用设备和工具,故费用低、生产准备周期短。但是自由锻造只能锻造形状简单的锻件,生产率低,锻件表面粗糙,加工余量大,金属消耗多,工人劳动强度大,因此只适用于单件、小批量生产。

3.2.1　基本工序及设备

1. 基本工序

自由锻造的基本工序为镦粗、拔长、冲孔、弯曲、切割、扭转、错移及锻焊等。实际生产中最常用的是镦粗、拔长、冲孔等三种。

(1) 镦粗。镦粗是坯料高度减小、截面积增大的工序。镦粗时,金属在高度受压缩的同时,不断向四周流动。由于工具与坯料表面接触,对于变形金属有摩擦阻力和冷却作用,使表层金属的塑性流动受到限制,形成了楔入金属内部的难变形锥。镦粗能够增加锻造比,使变形均匀,提高综合力学性能,它是锻造圆饼类、空心类件必须采用的工序。

(2) 拔长。拔长是缩小坯料截面积、增加其长度的工序。拔长时,坯料在上、下抵铁之间产生的局部变形,也可看作是局部镦粗,它也受外摩擦力等因素的影响,产生不均匀变形。对于筒形件,一般采用芯轴拔长,以减少空心坯料的壁厚和外径,增加其长度。

(3) 冲孔。利用冲子将坯料冲出透孔或不透孔的工序,称为冲孔。锻造各种带孔锻件和空心锻件(如齿轮坯、圆筒等)都需要冲孔。常用的冲孔方法有实心冲子冲孔、空心冲子冲孔和漏盘冲孔三种。其中,实心冲子冲孔是常用的冲孔方法;空心冲子冲孔用于以钢锭为坯料、锻造孔径为 400mm 以上大锻件,以便将钢锭中心质量差的部分去掉;漏盘冲孔用于板料。

2. 自由锻设备

自由锻造主要靠坯料局部变形,所以需要的设备能力小。通常几十千克的小锻件采用空气锤,两吨以下的中小型件采用蒸汽—空气锤,大钢锭和大锻件则在水压机上锻造。

(1) 空气锤。它是利用压缩空气来驱动锻锤,其结构尺寸小、打击速度快、有利于小件一次打成。空气锤的吨位是以落下部分质量表示,最小为 65kg,最大可达 1000kg。

(2) 蒸汽—空气锤(蒸空锤)。常见的结构形式有单柱式和双柱式,单柱式蒸空锤可以从三面靠近下砧,操作方便,但刚性差、设备吨位不宜大;双柱拱式蒸空锤如图 3-8 所示,是目前锻造车间普遍采用的设备,其刚性好,但只能前后两面操作。

蒸空锤都是以 6~9 个大气压的蒸汽或压缩空气为动力,用手柄操作气阀来控制高压气体进入工作缸的方向和进气量,以实现悬锤、压紧、单打或不同质量的连打等操作。为提高打击效率,砧座质量为落下部分的 10~20 倍。

(3) 水压机。水压机是以水泵产生的高压水为动力进行工作的,它靠静压做功,无振动,不需很大的砧座和地基,因此可制成大吨位设备;锻造变形速度低,有利于改善钢料的可锻性以获得大变形量,而且工件变形均匀;容易获得很大的工作行程,并能在行程的任何位置进行锻压。水压机的缺点是结构庞大,供水和操纵系统等附属设备复杂,维修困难,造价高。水压机的吨位用压力表示,压力可达 500~15000t,能锻 1~300t 重的钢锭。

合理地选择锻造设备对于锻件质量和成本有很大影响。选用设备过小,锻件难以成型或锻不透,生产率也低;设备过大,动力消耗大,费用高,效率低。

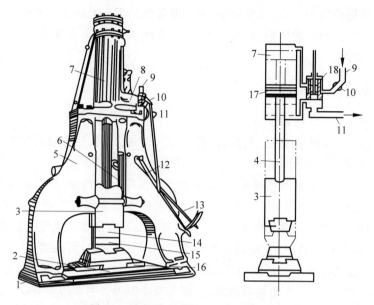

图 3-8　双柱拱式蒸气—空气自由锻锤

1—底座；2—砧垫；3—锤头；4—锤杆；5—机架；6—导轨；7—气缸；8—滑阀汽管；9—进气管；
10—节气管；11—排气管；12—节气阀操作手柄；13—滑阀操作手柄；14—上砧铁；15—下砧铁；
16—砧座；17—活塞；18—滑阀

3.2.2　自由锻工艺规程制订

工艺规程是保证生产工艺可行性和经济性的技术文件,是指导生产的依据,也是生产管理和质量检验的依据。因此,制订工艺规程,编写工艺卡片是进行自由锻生产必不可少的技术准备工作。工艺规程的主要内容和制订步骤如下。

1. 绘制锻件图

锻件图根据零件图绘制。自由锻件的锻件图是在零件图的基础上考虑加工余量、锻造公差、工艺余块等之后绘制的图,它是计算坯料、设计工具和检验锻件的依据。

(1) 加工余量。自由锻的精度和表面质量都很低,锻后工件需进行切削加工,因此在锻件需要切削的相应部位必须增加一部分金属余量,即加工余量。零件的基本尺寸加上加工余量称为锻件的名义尺寸。加工余量的数值与锻件形状、尺寸及工人技术水平有关,其数值的确定可查阅锻工手册,如图 3-9(a)所示。

(2) 锻造公差。实际操作中,由于金属的收缩、氧化及操作者不能精确掌握锻后工件的尺寸等原因,允许锻件的实际尺寸与名义尺寸间有一定的偏差,即锻造公差。一般锻造公差约为加工余量的 1/4～1/5。

(3) 工艺余块。自由锻只能锻造形状较简单的锻件,零件上的某些凸台、台阶、小孔、斜面、锥面等都不能锻造(或虽能锻出,但经济上不合理)。因此,这些难以锻造的部分均应进行简化。为了简化锻件形状而加上去的那部分金属称为工艺余块,如图 3-9(a)所示。

为使锻工了解零件的形状与尺寸,在锻件图上应采用双点划线画出零件的轮廓,并在锻件尺寸线下面用括号注明零件的基本尺寸,如图 3-9(b)所示。

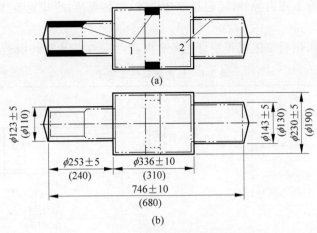

图 3-9　阶梯轴锻件图

(a) 锻件的加工余量与工艺余块；(b) 锻件图

1—工艺余块；2—加工余量

2. 确定坯料的质量及尺寸

(1) 坯料质量的确定。坯料的质量是根据锻件的形状和尺寸,先计算出锻件的质量,再考虑加热时氧化损失,冲孔冲掉的料芯及切头损失等计算出来。用型钢作坯料的中小型锻件,其质量计算式为

$$G_{坯} = G_{锻} + G_{切} + G_{烧} \tag{3-3}$$

式中,$G_{坯}$ 为坯料质量;$G_{锻}$ 为锻件质量;$G_{切}$ 为冲切掉的钢料质量;$G_{烧}$ 为因加热氧化烧损的钢料质量。

用钢锭作坯料的大型锻件,其质量还应考虑需切掉的钢锭头部和尾部的质量,因此其质量计算式为

$$G_{坯} = G_{锻} + G_{切} + G_{烧} + G_{锭头} + G_{锭尾} \tag{3-4}$$

(2) 坯料尺寸的确定。坯料的质量确定后,根据 $V_{坯} = G_{坯}/\rho$(ρ 为坯料密度)可计算出坯料的体积 $V_{坯}$,然后再确定坯料的直径 D_0 或边长 A_0。坯料尺寸的确定与锻件加工时所采用的第一道基本工序有关,采用的工序不同,确定方法也不相同。

采用镦粗法锻造时,应使坯料高度 H_0 不超过坯料直径 D_0(或边长 A_0)的 2.5 倍,同时又不应小于直径 D_0(或边长 A_0)的 1.25 倍。即

$$1.25 D_0 (或 A_0) \leqslant H_0 \leqslant 2.5 D_0 (或 A_0)$$

采用拔长法锻造时,坯料截面积 $F_{坯}$ 的大小应保证能得到所要求的锻造比,即

$$F_{坯} \geqslant Y_{拔} \cdot F_{锻} \tag{3-5}$$

式中,$F_{坯}$ 为坯料截面积;$Y_{拔}$ 为锻造比,一般取 1.1~1.5;$F_{锻}$ 为锻件的最大横截面积。

(3) 锻造工序的选择。锻造工序的选择一般是先将锻件根据其形状特征进行大致分类,然后再根据其形状、尺寸、各种锻造工序的特点及已有的实践经验,结合现场条件来安排。

自由锻工序的选择与整个锻造工艺过程中的加热次数(称"火次")和变形程度有关。坯料的加热次数及每一次坯料成型所经工序都需明确规定,并在工艺卡上标出。

锻造工艺规程除上述内容外,还包括加热设备、加热规范、冷却规范、锻造设备及锻件锻后的后续处理等。

锻造工艺卡上需填写工艺规程制订的所有内容,表 3-1 为齿轮坯锻造工艺卡。

表 3-1　齿轮坯锻造工艺卡

锻件名称	齿轮	
坯料质量/kg	19.5	
锻件质量/kg	18.5	
坯料尺寸/mm	$\phi120\times221$	
每坯锻件数	1	

火次	温度/℃	工序名称	变形过程图	设 备	工 具
1	始锻:1200 终锻:800	镦粗		0.75t 自由锻锤	
2	1200～800	局部镦粗 (漏盘镦粗)		0.75t 自由锻锤	普通漏盘、火钳
3	1200～800	冲孔		0.75t 自由锻锤	冲子、火钳、普通漏盘
4	1200～800	冲子扩孔		0.75t 自由锻锤	冲子、火钳
5	1200～800	修整		0.75t 自由锻锤	

3.2.3　自由锻结构工艺性

由于自由锻所用设备简单、通用,导致自由锻件的外形结构受到很大限制,复杂外形的锻件难以采用自由锻方法成型。因此,在设计采用自由锻方式成型的零件时,除满足零件使用性能要求外,还需考虑自由锻设备和工具的特点,零件结构要设计合理,符合自由锻工艺性要求,以达到使锻件锻造方便,节约金属,保证锻件质量,提高生产率的目的。自由锻锻件结构设计主要从以下几方面进行考虑。

（1）零件形状应力求简单。对结构较复杂的零件,需采用工艺余块来简化结构,多余的金属采用切削方法来切除,如图 3-10 所示。

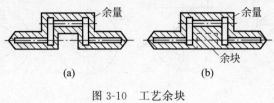

图 3-10　工艺余块

(a) 不合理；(b) 合理

（2）自由锻锻件上不应有锥面体或斜面结构。因为锻造这种结构必须使用专用工具,而且锻件成型较困难,操作不方便。为了提高锻造设备使用效率,应尽量用圆柱体代替锥体,用平行平面代替斜面,如图 3-11 所示。

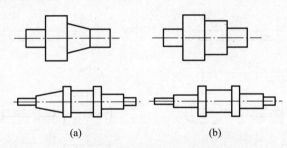

图 3-11　锻件上不应存在锥面体或斜面图

(a) 不合理；(b) 合理

（3）锻件由数个简单几何体构成时,相邻部分的接触面要避免曲面相交,最好是平面与平面,或平面与圆柱面交接。应避免椭圆形或工字形截面、弧线及曲线形表面,消除空间结构,使锻造成型简单,如图 3-12 所示。

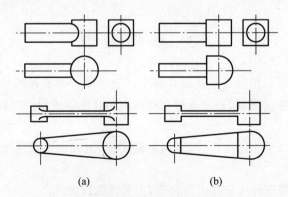

图 3-12　相邻部分的接触面避免曲面相交

(a) 不合理；(b) 合理

（4）自由锻锻件设计时,应避免加强筋、凸台等结构,因为这些结构需采用特殊工具或特殊工艺措施来生产,从而导致生产率降低,生产成本提高。一般这类结构可采用小孔和凹槽等结构代替,然后用切削加工方法加工,这样可使其加工工艺性变好,提高其经济效益,如图 3-13 所示。

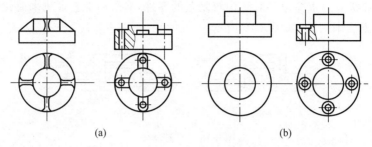

图 3-13 避免加强筋、表面凸台等结构
(a) 不合理;(b) 合理

(5) 锻件横截面积有急剧变化或形状较复杂时,应设计成几个容易锻造的简单锻件,分别锻造后再用焊接成型或机械连接方法组合成整体,如图 3-14 所示。

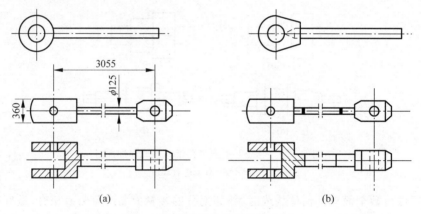

图 3-14 简单锻件组合件示意图
(a) 不合理;(b) 合理

3.3 模 型 锻 造

模型锻造简称模锻。模锻是利用模具使毛坯变形而获得锻件的锻造方法。模锻时,金属的流动受到模具模腔的限制,迫使金属在模腔内塑性流动成型。与自由锻相比,模锻具有以下优点:

(1) 锻件的形状和尺寸比较精确,表面粗糙度低,机械加工余量较小,能锻出形状复杂的锻件,材料利用率高。

(2) 金属坯料的锻造流线分布更为合理,力学性能提高。

(3) 模锻操作简单,易于机械化,因此生产率高,大批量生产时,锻件成本低。

但是,模锻时锻件坯料是整体变形,坯料承受三向压应力,其变形抗力增大。因此,锻造时需要吨位较大的专用设备,模锻件质量一般小于 150kg。此外,锻模模具材料昂贵,且模具制造周期长,而每种模具只可加工一种锻件,因此成本高。故模锻主要适用于中、小型锻

件的大批量生产,广泛用于汽车、拖拉机、飞机、机床和动力机械等工业生产中。随着工业的发展,模锻件在锻件生产中所占的比例越来越大。

模锻按照其所用设备的不同,可分为锤上模锻、胎模锻造及其他设备上的模锻。在不同锻压设备上的模锻,其工艺特点不同。

3.3.1　锤上模锻

在模锻锤上进行的模锻称为锤上模锻。锤上模锻所用设备主要是蒸汽—空气模锻锤,简称为模锻锤。蒸汽—空气模锻锤的工作原理与蒸汽—空气自由锻锤基本相同。模锻锤的吨位为 1~16t,能锻造 0.5~150kg 的模锻件。

1. 模锻锤

蒸汽—空气模锻锤的结构与自由锻锤相比,它具有以下特点:

(1) 砧座与锤身连成一个封闭整体,而且锤头比自由锻锤大许多,因而锤打时增加了打击刚度,提高了打击效率。

(2) 锤头与导轨间的间隙较小,导轨较长,故锤头运动精度高,且机架直接与砧座连接,在锤击过程中能使上、下模间错移量变小。

(3) 模锻锤锤头行程不固定,因而在模锻锤上能完成各种工序,工艺适应性较强。

2. 锻模结构

锤上模锻所用的锻模结构如图 3-15 所示,由上模和下模构成。上模和下模分别安装在锤头下端和砧座上的燕尾槽内用楔铁对准和紧固。上模和下模的模腔构成模膛,模膛根据其功用的不同可分为制坯模膛和模锻模膛。

1) 制坯模膛

对于形状复杂的锻件,需用制坯模膛来改变坯料横截面积和形状,以适应锻件的横截面积和形状的要求。它分拔长模膛、滚压模膛和弯曲模膛等。

(1) 拔长模膛。拔长模膛是用来减小坯料的横截面积,并增加其长度的模膛,它有开式和闭式两种,分别如图 3-16(a)和(b)所示。它一般设在锻模的边缘,当模锻件沿轴向横截面积相差较大时,采用此种模膛进行拔长。

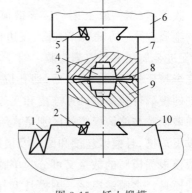

图 3-15　锤上锻模

1、2、5—紧固楔铁;3—分模面;4—模膛;6—锤头;
7—上模;8—飞边模;9—下模;10—模垫

(2) 滚压模膛。滚压模膛用来减小坯料某一部分的横截面积,同时增大另一部分的横截面积,并少量增加坯料长度。它除了可使坯料金属按模锻件形状分布外,还可滚光坯料表面,避免表面产生折叠并去除表面氧化皮。滚压模膛有开式和闭式两种类型,分别如图 3-17(a)和(b)所示。开式模膛一般在模锻件沿轴线的横截面积相差不很大或作修整拔长后的毛坯时应用;闭式模膛一般在模锻件的最大和最小截面相差较大时应用。

(3) 弯曲模膛。弯曲模膛是用来改变坯料轴线的模膛,对于弯曲的杆类模锻件,需要弯曲模膛来弯曲坯料。

坯料经过上述制坯模膛的变形后,已初步接近锻件的形状,为进一步加工打下良好基础。

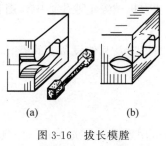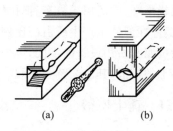

图 3-16　拔长模膛　　　　　　　　图 3-17　滚压模膛
(a) 开式；(b) 闭式　　　　　　　　(a) 开式；(b) 闭式

2) 模锻模膛

模锻模膛是使经过制坯模膛加工后的坯料进一步变形,直至最后成型为锻件的模膛。它分为预锻模膛和终锻模膛。

(1) 预锻模膛。预锻模膛作用是使坯料的形状和尺寸更接近锻件。当坯料再进行终锻时,可使金属容易充满终锻模膛,从而保证最终获得成型良好、无折叠、无裂纹或其他缺陷的锻件。同时,可减少终锻模膛的磨损,提高其使用寿命。

(2) 终锻模膛。终锻模膛的型腔与锻件外形相同,经过终锻模膛后坯料最终变形到锻件所要求的外形尺寸。但是,锻件冷却时存在尺寸收缩,因此,终锻模膛的尺寸应比锻件尺寸大一收缩量(钢件取 1.5%)。终锻模膛的四周设有飞边槽。飞边槽的作用一方面是容纳多余的金属;另一方面,由于进入飞边槽的金属冷却快,增加了金属从模膛中进一步逸出的阻力,促进金属更好地充满模膛。对于具有通孔的锻件,由于上、下模的突出部分不可能把金属完全挤压掉,因此,终锻后,通孔位置会留下一薄层金属,称为连皮,如图 3-18 所示。最终得到的模锻件成品需冲掉连皮和飞边。

预锻模膛与终锻模膛的区别是:预锻模膛的高度比终锻模膛高度大,而宽度小,预锻模膛不设飞边槽,且模锻斜度和圆角及模膛体积均比终锻模膛大。

锻模根据模膛的数量又可分为单膛锻模和多膛锻模。单膛锻模是一副模具上只有终锻模膛的模具。多膛锻模是一副模具上有两个以上的模膛。如图 3-19 所示。

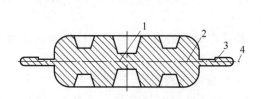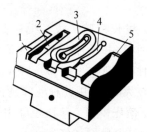

图 3-18　带连皮及飞边的模锻体　　　　图 3-19　多膛锻模
1—连皮；2—锻件；3—飞边；4—分模面　　　1—拔长模膛；2—滚压模膛；
　　　　　　　　　　　　　　　　　　　3—终锻模膛；4—预锻模膛；5—弯曲模膛

3.3.2　胎模锻造

胎模锻造是在自由锻设备上使用可移动模具生产模锻件的一种锻造方法。胎模不固定在锤头或砧座上,只有在需使用时才将胎模放上去。胎模锻一般用自由锻方法制坯,在胎模中最后成型。

1. 胎模种类

胎模是在自由锻设备上锻造模锻件时使用的模具。按其结构特点,胎模大致可分为以下三种类型。

1) 扣模

扣模是由上、下扣组成(如图 3-20(a)所示)或上扣由上砧代替(如图 3-20(b)所示)。扣模锻造时,锻件不转动,初锻成型后锻件翻转 90°放在锤砧上平整侧面。

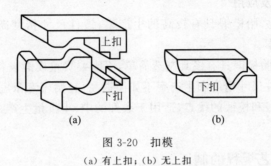

图 3-20　扣模

(a) 有上扣；(b) 无上扣

扣模主要用来生产长杆非回转体锻件的全部或局部扣形,也用来为合模制坯。

2) 套筒模

套筒模也称套模,具有开式套模和闭式套模两种形式,如图 3-21 所示。

(1) 开式套模。开式套模如图 3-21(a)所示,只有下模,上模由上砧代替,金属在模腔中成型,然后在上端面形成横向小飞边。这种套模主要用于回转体锻件(如法兰盘、齿轮等)的最终成型或制坯。当用于最终成型时,锻件的端面必须是平面。

(2) 闭式套模。闭式套模如图 3-21(b)所示。此种套模由模套(模筒)、上模垫及下模垫组成,下模垫也可由下砧代替。主要用于端面有凸台或凹坑的回转体类锻件的制坯和最终成型。

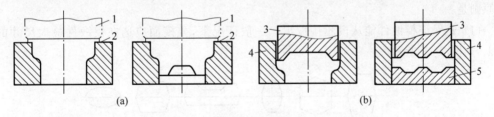

图 3-21　套模

(a) 开式套模；(b) 闭式套模

1—上砧；2—小飞边；3—上模垫；4—模套；5—下模垫

3) 合模

合模的结构如图 3-22 所示,由上、下模及导向装置组成。导向装置是为使上、下模吻合,并不使锻件产生错移。模具上的导向装置一般有导销、导套、导锁等。有的合模的模腔周围还设有飞边槽。合模的通用性较广,适用于各种锻件的成型,尤其是非回转体类复杂形状的锻件成型(如连杆、叉形等锻件)。

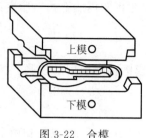

图 3-22　合模

2. 胎模锻的特点及应用

（1）与自由锻相比，胎模锻具有较高的生产率，锻件尺寸精度高，表面粗糙度小，余块少，节约金属，降低成本。

（2）与模锻相比，胎模锻具有模具制造简单，不需要贵重模锻设备，成本低，使用方便等特点。但胎模锻的锻件尺寸精度和生产率不如模锻高，且胎模寿命短，工人劳动强度大。

胎模锻兼有自由锻和模锻的优点，适用于锻件的中、小批量生产，在缺少模锻设备的中、小型工厂中应用较广。

3.3.3　模锻工艺规程的制订

模锻生产工艺规程的制订通常包括以下内容。

1. 制订模锻锻件图

模锻锻件图是根据零件图及模锻工艺特点制订的，它是确定变形工步、设计和制造锻模、计算坯料和检验锻件的依据。在确定模锻锻件图时需预先考虑锻件的分模面、加工余量、锻造公差、工艺余块、模锻斜度及圆角半径等因素。

1）分模面

分模面即锻模上、下模或凸、凹模的分界面。分模面可以是平面，也可以是曲面。锻件分模面的位置选择是否合理，关系到锻件成型、锻件出模、材料利用率等一系列问题。其选择原则是：

（1）要保证模锻件能从模膛中取出。一般情况下，分模面应选在模锻件最大尺寸的截面上，如图 3-23 所示。

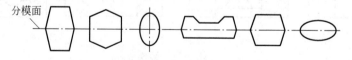

图 3-23　锻件分模面应在最大尺寸截面上

（2）应便于发现在安装锻模及模锻过程中可能出现的上、下模错移现象。因此，上、下模分模面的模膛轮廓应相同，一般分模面应选在锻件侧面的中部，避免选取在端面上，如图 3-24 所示。

（3）分模面的选择还应便于模具的制造。分模面应尽量是平面，且上、下模膛深浅基本一致，同时，应使模膛处于宽度最大而深度最浅的位置，如图 3-25 所示。这样的分模面，不仅有利于锻模具的制造，还能使金属很容易充满模膛，并便于锻件的取出。

（4）考虑节约金属。选定的分模面应使锻件上所需的工艺余块最少。

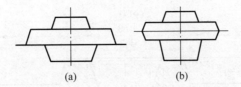

图 3-24　锻件分模面的模膛轮廓应相同

(a) 错误；(b) 正确

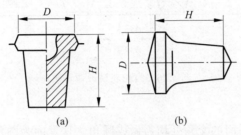

图 3-25　锻件分模面应在宽度最大深度最浅位置

(a) 错误；(b) 正确

2）确定加工余量、锻造公差及工艺余块

模锻件的加工余量、锻造公差及工艺余块的定义与自由锻中的定义相同。由于模锻时金属坯料是在锻模中成型的，因此尺寸较精确，加工余量和锻造公差都比自由锻时小。碳素钢模锻件的加工余量和锻造公差可根据锻锤吨位来确定，确定方法如表 3-2 所示。

表 3-2　锤上模锻件加工余量和锻造公差

锻锤吨位/t	锻件单面余量/mm		锻件公差/mm	
	高度方向	水平方向	高度方向	水平方向
1	1.5～2.0	1.5～2.0	+1.0　　-0.5	按下面所列数值确定
2	2.0	2.0～2.5	+1.0(1.5)-0.5	
3	2.0～2.5	2.0～2.5	+1.5　　-1.0	
5	2.25～2.5	2.25～2.5	+2.0　　-1.0	
10	3.0～3.5	3.0～3.5	+2.0(2.5)-1.0	

锻件水平方向公差/mm						
锻件尺寸/mm	<6	6～18	18～50	50～120	120～260	260～500	500～800
公差/mm	±0.5	±0.7	±1.0	±1.4	±1.9	±2.5	±3.0

模锻件上只有孔径小于 25mm 时才留有工艺余块。对孔径大于 25mm 的带孔模锻件其孔应锻出，但需留有连皮。连皮的厚度与孔径有关，当孔径为 30～80mm 时，连皮的厚度为 4～8mm。

3）模锻斜度

为使锻件便于从模膛中取出，锻件上与分模面垂直的表面都应加放一定的斜度，即模锻斜度，如图 3-26 所示。模锻斜度不包括在加工余量之内，一般取 5°、7°、10°、12° 等标准值。此斜度随模膛深度与相应宽度的比值（h/b）增大而增大。同时，由于冷却引起收缩，锻件的内壁斜度 β_1、β_2 应比相应的外壁斜度 α_1、α_2 大一些。

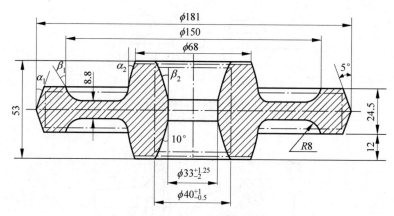

图 3-26　齿轮坯模锻锻件图

4) 模锻圆角半径

在模锻件上所有两平面的交角处均需做成圆角。这是因为圆角可以减少坯料流入模膛的摩擦阻力,使金属在锻造时易于充满模膛;同时,可以避免锻件被尖角撕裂或"锻造流线"组织被拉断,从而提高锻件强度;另外,避免了锻模上的内、外尖角,减少了应力集中引起的裂纹,从而提高锻模的使用寿命。模锻圆角半径的大小取决于模膛深度。一般,外圆角半径取 1~6mm,内圆角半径为外圆角半径的 3~4 倍。

模锻锻件图即根据上述各项内容,按绘制自由锻件图相同的方法绘制而成。如图 3-26 所示为齿轮坯模锻锻件图。

2. 选择模锻设备

由于模锻时变形抗力较自由锻时大,因此,同样质量的锻件选择模锻锤的能力应大于自由锻锤的能力。可根据表 3-3 选择合适的模锻锤。

表 3-3　模锻锤吨位选择的概略数据

模锻锤吨位/t	1	2	3	4	5	6
锻件质量/kg	2.5	6	17	40	80	120
锻件在分模面处投影位置/cm²	13	380	1080	1260	1960	2830
能锻齿轮的最大直径/mm	130	220	370	400	500	600

3. 确定模锻工步

模锻工步主要根据模锻件形状和尺寸确定。模锻件的形状可分为长轴类模锻件和短轴类模锻件。

1) 长轴类锻件

长轴类锻件的长度与宽度(或直径)之比较大,锻造时锤击方向垂直于锻件的轴线。终锻时,金属沿高度和宽度方向流动,长度方向流动不显著。因此,根据坯料与锻件最大横截面积的对比选择工步。

(1) 当坯料横截面积大于锻件最大横截面积时,可只选用拔长工步。

(2) 当坯料横截面积小于锻件最大横截面积时,应选用拔长,滚压工步。

(3) 锻件的轴线为曲线时,应增加弯曲工步。

（4）对于小型长轴类锻件，为减少钳口料并提高生产率，常用一根坯料锻造几个锻件，此时应增加切断工步。

（5）形状复杂的锻件，需选用预锻和终锻工步，而选用周期变截面轧制材料作坯料时，可省去拔长、滚压等工步，简化模锻过程，提高生产率。

2）短轴类锻件

短轴类模锻件在分模面上的投影为圆形或长度与宽度相近，锻造时，锤击方向与坯料轴线相同，终锻时金属沿高度、宽度及长度方向均产生流动，常选用的工步有镦粗、终锻。对于形状简单的锻件，只需用终锻工步成型；对于形状复杂，有深孔或有高筋的锻件，则应采用镦粗、预锻、终锻等工步。

4. 计算坯料质量及尺寸

模锻件的坯料质量及尺寸计算步骤与自由锻件相似。坯料质量包括锻件、飞边、连皮、钳口料、氧化皮的质量。根据模锻件图计算毛坯质量要求比自由锻更为准确。飞边质量与锻件形状、大小有关，一般取锻件质量的 20%～25%。由于模锻成型较快，烧损量少，氧化皮质量一般取锻件和飞边质量总和的 2.5%～4%。坯料尺寸计算与模膛种类有关，若金属变形主要为镦粗过程（短轴类零件），则计算方法如下：

$$1.25 < \frac{H}{D} < 2.5 \tag{3-6}$$

式中，H 为坯料高度；D 为坯料直径。

对于形状复杂而各处截面相差较大的锻件，坯料断面直径可取锻件最大断面的 0.6～1 倍。

5. 修整工序

模锻件经终锻成型后，为保证和提高锻件质量，还需安排以下修整工序。

（1）切边与冲孔。终锻工步后的模锻件，一般都带有飞边和连皮。切除锻件上的飞边称切边，冲掉锻件上的连皮为冲孔，如图 3-27 所示。切边和冲孔可在热态下进行，也可在冷态下进行。热态下的切边与冲孔，锻件塑性好，所需切断力小，且不易产生裂纹，但锻件容易变形。对于较大的锻件及高碳钢、合金钢锻件，常利用模锻后的余热立即进行切边和冲孔。冷态下的切边和冲孔需较大的切断力，但锻件切断后的表面较齐整，不易产生变形。对于尺寸较小和精度要求较高的模锻件一般采用冷切方法。切边和冲孔是用切边模和冲孔模在压力机上进行。当锻件为大量生产时，其切边与冲孔可在一个较复杂的复合模或连续模上联合进行。

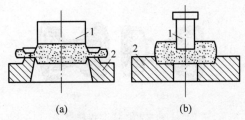

(a)　　　　　　(b)

图 3-27　切边模及冲孔模

（a）切边模；（b）冲孔模

1—凸模；2—凹模

(2) 校正。在切边、冲孔及其他工序中都可能引起锻件变形。因此,对锻件(特别是复杂锻件)必须进行校正。校正分热校正和冷校正。热校正一般是将热切后的锻件立即放回终锻模腔内进行。冷校正是在热处理及清理加工后在专用的校正模内进行。

(3) 清理。为了提高模锻件的表面质量,改善模锻件的切削加工性能,模锻件需要进行表面处理。一般采用滚筒法、喷砂法或酸洗法去除锻件表面的氧化皮、污垢及其他表面缺陷(如残余毛刺)等。

(4) 精压。对于要求精度高和表面粗糙度小的锻件,清理后还应在压力机上进行精压。精压分为平面精压和体积精压。平面精压可提高平面间的尺寸精度,体积精压可提高锻件所有尺寸的精度,减少模锻件质量差别。精压后锻件的尺寸公差可达±(0.1～0.5),表面粗糙度为 $Ra0.80～0.40\mu m$。

(5) 热处理。由于锻件在锻造过程中可能出现过热组织、冷变形强化等现象,一般要求对锻件采用正火或退火等热处理方法来改变其组织和性能,以达到使用要求。

3.3.4　模锻件结构工艺性

根据模锻的特点及工艺要求,在设计模锻零件时,其结构应符合以下原则:

(1) 必须具有合理的分模面、模锻斜度和圆角半径,保证模锻件易于从锻模中取出。

(2) 在零件的非接合面、不需进行切削加工处,应有合理的模锻斜度和圆角。

(3) 为了减少工序,零件的外形应力求简单,最好要平直和对称,截面的差别不宜过大,避免薄壁、高筋、凸起等外形结构,在分模面上避免小枝杈和薄凸缘。如图 3-28 所示,(a)、(b)、(c)结构设计为错误,(d)结构为合理。

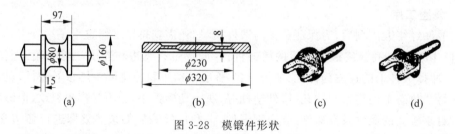

图 3-28　模锻件形状

(4) 避免窄沟、深槽、深孔及多孔结构,以便于制造模具并延长模具寿命。直径小于30mm 和深大于直径 2 倍的孔结构不易锻出,应尽量避免。

(5) 对于形状复杂的锻件,应尽量采用锻焊结构,以减少工艺余块,简化模锻工艺,如图 3-29 所示。

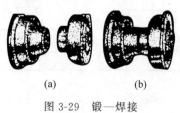

图 3-29　锻—焊接

(a) 模锻件;(b) 焊合件

3.3.5 锻件缺陷及其产生的原因

锻件的缺陷很多,产生的原因也多种多样。有的是锻造工艺不良造成的,有的是原材料不合格造成的,有的是模具设计不合理造成的等。锻件的缺陷及其产生原因见表 3-4。

表 3-4 锻件的缺陷及其产生原因

序号	缺陷名称		特 征	产 生 原 因	备 注
1	横向裂纹	表面横向裂纹	① 锻造时成两截; ② 锻造时毛坯表面出现横向较深裂纹; ③ 锻造时毛坯表面出现横向较浅裂纹	① 浇注中断裂; ② 钢水浇注操作不当:高速、高温浇注,引起外皮形成较慢及钢水膜受到摆动; ③ 产生挂锭现象,冷却时拉裂; ④ 对塑性较差金属,相对送进量过大	① 锻造时第一火即出现; ② 锻造过程中一经发现就用吹氧去除,以免以后锻造扩大
		内部横向裂纹		① 冷锭低温区快速加热而引起; ② 相对送进量 $l/D(l/H)<0.5$,且金属塑性较差(尤其是高碳钢、高合金钢)	
2	纵向裂纹	表面纵向裂纹	镦粗时出现或第一火拔长时出现	① 钢锭模内壁有缺陷或新锭模使用前未很好退火; ② 钢水浇注操作不当; ③ 钢锭拔模后冷却方式不当或脱模过早	锻造过程中一经发现就用吹氧去除
		内部纵向裂纹	① 因缩孔残余在锻造时引起裂纹; ② 中空纵裂; ③ 裂纹出现于锻件中心区域,且取向于纵向	① 锭模设计不合理,浇注过程控制不当,使收缩不是集中在冒口部分; ② 锻造时切头不足; ③ 加热未烧透,内部温度过低	
3	表面龟裂		锻造表面出现龟甲状较浅裂纹	① 钢中铜、锡、砷、硫含量较多; ② 始锻温度过高	缺陷清理后不妨碍继续锻造
4	过热		奥氏体晶粒迅速成长。不稳定过热,可用正火、退火等热处理方法消除;稳定过热用一般热处理方法不易改善或消除	由于加热温度过高,或在某温度下停留时间过长。过热将使锻件的力学性能,特别是塑性和冲击韧性降低	
5	过烧		过烧部位的晶粒特别粗大,氧化特别严重,裂口间的表面呈浅灰蓝色。严重过烧的毛坯,锻造时一击就碎,是致命的锻件缺陷,无法挽救	加热温度过高或加热时间过长,晶粒边界熔融和氧化	
6	白点		锻件内部银白色、灰白色圆形的裂纹,含 Ni、Cr、Mo、W 等合金钢容易产生	① 钢中含氢量过高; ② 锻后冷却或退火制度不合适	用低倍、酸洗、断口和超声波探伤发现
7	折叠		锻后表面折叠	① 砧子形状不适当,圆角过小; ② 送进量小于压下量	

3.4　板料冲压

板料冲压是利用装在冲床上的冲压模具使板料产生分离或变形,从而获得零件或者毛坯的加工方法。按照传统的分类方法,它属于塑性成型的范畴。

板料冲压的原材料必须具有足够高的塑性,常用的金属材料有低碳钢、塑性较好的合金钢、非铁金属等,一般为板料、条料或带料。随着塑料工业的发展,塑料性能的提高,一部分塑料板材也可以利用冲压方法加工。板料冲压件的厚度一般很薄(6mm 以下),冲压时不需对材料进行加热,所以又称这种加工方法为薄板冲压或者冷冲压。只有当金属板料的厚度超过 8~10mm 时,才采用热冲压。

板料冲压与其他成型方法相比较,具有如下优点:可以冲压出其他加工方法难以加工甚至不能加工的复杂零件;冲压件的尺寸精度较高,表面质量较好,且质量稳定,互换性好;冲压件具有质量轻、强度高、刚性好的特点;材料利用率较高;操作简单,生产率高,在大批量生产的条件下容易实现机械化和自动化。其缺点是冲模的结构较复杂,制造周期长,需要较高的制模技术,成本较高。因此,这种加工方法只有在大批量生产的条件下,才能充分表现出其优越性。

几乎在一切有关制造金属成品的工业部门中,都广泛地应用着板料冲压。特别是在汽车、拖拉机、航空、电器、仪表及国防等工业中,板料冲压占有极其重要的地位。

3.4.1　冲压工艺

板料冲压的工艺可分为分离工艺与变形工艺两大类。

1. 分离工艺

分离工艺属于固体材料的质量减少工艺,其目的是使坯料的一部分与另一部分沿一定的轮廓线相互分离。常用的分离工艺有落料、冲孔、剪切、切边、修整等。分离工序既可用于直接冲制成品,又可用于为弯曲、拉深等工序准备毛坯。

(1) 落料与冲孔(统称为冲裁)。落料与冲孔则是使坯料沿封闭的轮廓线分离的工艺。在落料与冲孔这两种工艺中,坯料的变形过程与模具的结构完全一样。其区别在于两者的目的不同。在冲孔工艺中,被冲下的部分是废料,周边是成品;在落料工艺中,被冲下来的部分是成品,而周边则是废料。

(2) 剪切。剪切工艺是使坯料沿不封闭的轮廓线分离的工艺,这是剪切和落料与冲孔工艺的不同之处。

(3) 修整。修整工艺是利用修整冲模沿落料件的外缘或冲孔件孔的内缘表层刮削一层薄金属,以切掉普通落料冲孔时在冲裁断面上存留的剪裂带和毛刺,从而达到提高冲裁件尺寸精度,降低表面粗糙度的目的。

2. 变形工艺

变形工艺是利用装在冲床上的模具使坯料的一部分沿一定的轮廓线相对于另一部分发生位移而不发生断裂的工艺,如拉深、弯曲、翻边、成型等。

1) 拉深

拉深是利用拉深模使冲裁后得到的平板毛坯(或拉深半成品)形成开口的杯形零件的工

艺。按拉深零件的形状,可将拉深工艺分为圆筒形、盒形、球面形、锥形和特殊曲面零件拉深。

(1) 拉深过程。下面以圆筒拉深为例说明拉深的变形过程。如图 3-30 所示,当凸模向下运动时,置于凹模上直径为 D 的平板坯料,其中心部分直径为 d 的部分被压入凹模,形成筒底和底部过渡圆角后,随着凸模继续向下运动,使外径为 D、内径为 d 的法兰部分在凹模上端面和压边圈的下平面之间的间隙中发生塑性变形,逐渐被拉进凸、凹模之间的间隙中形成圆筒侧壁。

(2) 拉深过程中的废品与防止。拉深过程中的常见缺陷有拉裂与起皱。

拉裂及其防止:由拉深过程可知,拉深件主要受拉力作用。当拉应力值超过材料的强度极限时,制件将被拉裂而成废品。拉深件中最易被拉裂的部位是直壁与底部的过渡圆角处,如图 3-31(a)所示。拉深件出现拉裂现象与拉深系数、凸凹模圆角半径、凸凹模间隙、润滑等因素有关。

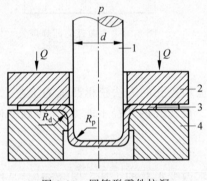

图 3-30　圆筒形零件拉深
1—凸模；2—压边圈；3—零件；4—凹模

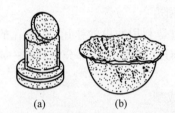

图 3-31　圆筒形零件拉深缺陷
(a) 拉裂；(b) 起皱

起皱及其防止:起皱是拉深过程中的另一种常见缺陷,如图 3-31(b)所示。这种缺陷是由于法兰部分在切向压应力作用下形成的。拉深件严重起皱后,法兰部分的材料不能通过凸、凹模间隙,会使坯料被拉断;拉深件轻微起皱,法兰部分即使勉强通过间隙,也会在产品侧壁留下起皱痕迹而影响产品质量。所以,拉深过程中不允许出现起皱现象。起皱与坯料的相对厚度(t/D)、压力和拉深系数有关。相对厚度越小,压力小,拉深系数越小,越容易起皱。生产中常采用设置压边圈的方法解决起皱问题。

2) 弯曲

弯曲工艺如图 3-32 所示。它是利用弯曲模的作用,使坯料的一部分相对于另一部分弯曲成一定角度的工艺。从图中可以看出,弯曲时,坯料内侧受压缩,外侧则受拉伸。当外侧拉应力大于坯料的抗拉强度时,金属就会发生破裂。材料的厚度 t 越大,内弯曲半径 r 越小,则弯曲变形时产生的压应力和拉应力越大,越容易产生弯裂缺陷。为了防止工件弯裂,内弯曲半径不得小于厚度的 0.25～1 倍。因此,弯曲模冲头的头部与凹模底部均应加工出一定的圆角。另外,材料弯曲时应尽量注意使

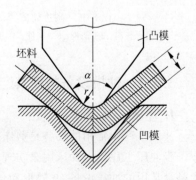

图 3-32　弯曲过程中金属变形简图

弯曲线与其纤维方向垂直,如图 3-33 所示。弯曲线与纤维方向一致时,材料容易弯裂,此时可采用增大内弯曲半径的方法来避免。弯曲变形结束后,由于弹性变形的恢复,弯曲件的形状和尺寸都会发生与加载时的变形方向相反的变化,从而抵消一部分弯曲变形的效果,使弯曲件的角度增大。这种现象称为回弹(弹复)现象,如图 3-34 所示。一般回弹角的大小为 $0°\sim10°$,所以设计制造弯曲模时,应使模具的角度比弯曲件要求的相应角度小一个回弹角,以保证成品形成准确的弯曲角度。

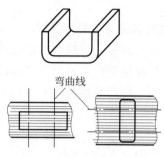

图 3-33　弯曲时的纤维方向

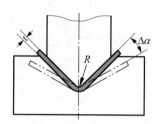

图 3-34　弯曲件的回弹现象

3) 翻边

翻边是利用冲模的作用,在带孔的平板料上用扩孔的方法获得凸缘的工艺,如图 3-35 所示。翻边凸模的工作部分应具有一定的圆角。翻边孔的孔径不能太大,否则会使孔的边缘破裂。

4) 成型

成型是通过局部变形使坯料或半成品按要求改变形状的工艺。图 3-36(a)是用橡皮压筋;图 3-36(b)是利用橡皮芯增大半成品中间部分的直径,即胀形。

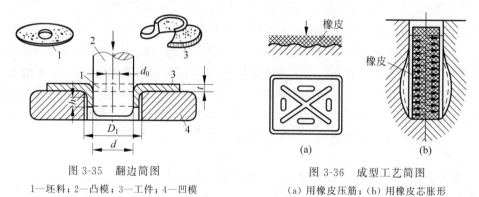

图 3-35　翻边简图
1—坯料;2—凸模;3—工件;4—凹模

图 3-36　成型工艺简图
(a)用橡皮压筋;(b)用橡皮芯胀形

3.4.2　冲模设备与模具

1. 冲床

冲压生产中常用的设备是剪床和冲床。剪床用来把板料剪切成一定宽度的条料,以供下一步冲压工序用。冲床用来实现冲压工序,制成所需形状和尺寸的成品零件供使用。冲床是最常用的冲压设备,其外形和传动关系见图 3-37。

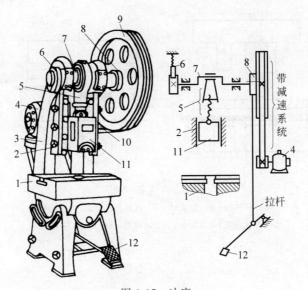

图 3-37　冲床

1—工作台；2—导轨；3—床身；4—电动机；5—连杆；6—制动器；

7—曲轴；8—离合器；9—带轮；10—V 形带；11—滑块；12—踏板

2. 冲压模具

冲压生产离不开冲模。其结构合理与否对冲压件的质量、生产率及生产成本等都有很大影响。冲模的分类方法很多。根据工序性质不同，冲模可分为冲裁模、弯曲模、拉深模、成型模等；根据工序组成和结构特点不同，冲模可分为简单冲模、连续冲模、复合冲模。

1）简单冲模

简单冲模是在冲床的一次行程中只完成一个工序的模具，如图 3-38 所示。简单冲模结构简单，制造容易，但生产效率较低。

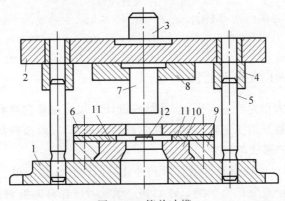

图 3-38　简单冲模

1—下模板；2—上模板；3—模柄；4—导套；5—导柱；6—卸料板；

7—凸模；8—凸模固定板；9—凹模固定板；10—凹模；11—导料板；12—定位销

2）连续冲模

冲床的一次冲程中，在模具的不同部位上同时完成数道冲压工序的模具称为连续冲模，如图 3-39 所示。连续冲模生产效率高，易于实现自动化，但要求定位精度高，制造麻烦，成

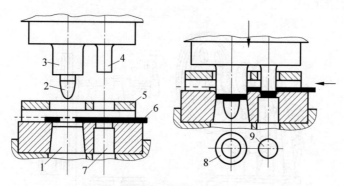

图 3-39　连续冲模

1—落料凹板；2—定位销；3—落料凸模；4—冲孔凸模；

5—冲孔凹模；6—坯料；7—卸料板；8—成品；9—废料

本也较高。

3）复合冲模

利用冲床的一次行程，在模具的同一位置完成二道以上工序的模具称为复合冲模，如图 3-40 所示。复合冲模能保证较高的零件精度及生产率，但制造复杂、成本高。因此，一般用于精度要求高、生产批量大的冲压件生产。

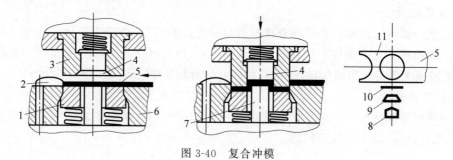

图 3-40　复合冲模

1—压板(卸料板)；2—挡料器；3—凸凹模；4—顶出器；5—条料；6—落料凹模；

7—拉深凸模；8—零件；9—拉深件；10—坯料；11—切余材料

3.4.3　板料冲压结构工艺性

冲压件一般都是大量生产的。因此，其结构设计不仅应保证它具有良好的使用性能，还应充分考虑使它具有良好的工艺性能和较高的材料利用率，以及模具制造的方便。

1. 落料、冲孔件的形状与尺寸

（1）设计时，应尽可能使落料件的外形和冲孔件的内孔形状简单、对称，尽量采用圆形、矩形等规则形状；尽量避免长槽和细长臂结构；尽量考虑排样时有可能最大限度地利用材料。图 3-41 所示的落料件工艺性很差，而图 3-42 所示零件，采用(b)方案时，材料利用率可明显提高。

（2）对冲孔件的孔及有关尺寸的要求。如图 3-43 所示，圆孔的直径不小于材料厚度 t；方孔的边长不小于 $0.9t$；孔的间距、孔与工件边缘之间的距离不小于 t；外缘凸出或凹进

图 3-41　不合理的落料件外形

的尺寸不小于 $1.5t$。

（3）冲孔、落料件上直线与直线、直线与曲线、曲线与曲线的交接处，均应用圆弧连接，以避免尖角处应力集中而被冲裂。

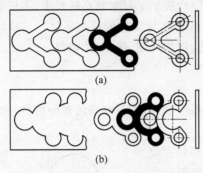

图 3-42　零件形状与节约材料的关系
(a) 不合理；(b) 合理

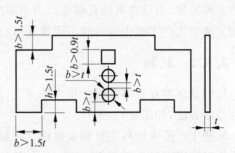

图 3-43　冲孔件尺寸与厚度的关系

2. 弯曲件的形状与尺寸

（1）弯曲件的形状要尽量对称，内弯曲半径不得小于材料的最小允许值，并应使弯曲线与材料纤维方向垂直。

（2）弯曲边过短难以成型，如图 3-44 所示。一般应使弯曲边的平直部分高度 $H > 2\delta$。如果要求 H 很短，工艺设计时应先取较大的 H，待弯曲成型后再切去多余材料。

（3）弯曲带孔件时，应保证孔的位置，图 3-45 中的 L 须大于 $(1.5 \sim 2)\delta$，以避免孔发生变形。

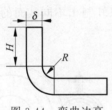

图 3-44　弯曲边高

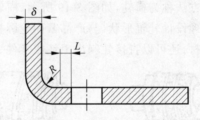

图 3-45　带孔的弯曲件

3. 拉深件的形状与尺寸

（1）拉深件的形状应尽可能简单、对称，且不宜过高，以便减少拉深次数、容易成型。

（2）拉深件圆角半径太小，必然会增加拉深次数和整形工作，增加模具数量，容易产生废品，使生产成本提高。

4. 冲压件的厚度

只要能保证要求的强度和刚度，应尽可能采用较薄的板材来制作冲压件，以降低材料消耗。在局部刚度不够的部位，可设计成加强筋结构，如图 3-46 所示，从而实现薄材料代替厚材料。

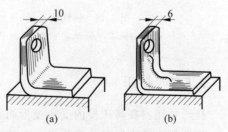

图 3-46　使用加强筋
(a) 无加强筋；(b) 有加强筋

3.5 其他塑性成型方法

随着工业的不断发展,人们对金属塑性成型加工生产提出了越来越高的要求,不仅要求生产各种毛坯,而且要求能直接生产出更多的具有较高精度与质量的成品零件。其他塑性成型方法在生产实践中也得到了迅速发展和广泛应用,例如轧制、挤压、拉拔等。

3.5.1 轧制

轧制是坯料在旋转轧辊的压力作用下,产生连续塑性变形,获得要求的截面形状并改变其性能的方法,如图 3-47 所示。

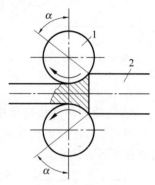

轧制生产所用坯料主要是金属锭。轧制过程中,坯料靠摩擦力得以连续通过轧辊缝隙,在压力作用下变形,使坯料的截面减小,长度增加。按轧辊轴线与坯料轴线间的相对空间位置和轧辊的转向不同可分为纵轧、斜轧和横轧三种。轧辊轴线相互平行而转向相反的轧制方法称为纵轧,如图 3-47 所示,目前用来制造扳手、钻头、连杆、履带、汽轮机叶片等。轧辊相互交叉成一定角度配置,以相同方向旋转,轧件在轧辊的作用下绕自身轴线反向旋转,同时作轴向运动向前送进,这种轧制称为斜轧,也称为螺旋轧制或横向螺旋轧制,如图 3-48 所示,斜轧可以直接热轧出带螺旋线的高速滚刀体、自行车后闸壳以及冷轧丝杠等。轧辊轴线与轧件轴线平行且轧辊与轧件作相对转

图 3-47 轧制示意图
1—轧辊;2—坯料

动的轧制方法称为横轧,如图 3-49 所示,横轧适合模数较小的齿轮零件的大批量生产。根据需要合理设计轧辊形状(与产品截面轮廓相对应),不仅可以轧制出不同截面的钢板、型材和无缝管材,还可以直接轧制出毛坯或零件。

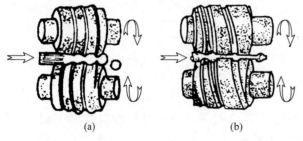

图 3-48 斜轧示意图
(a)轧制钢球;(b)轧制周期变截面型材

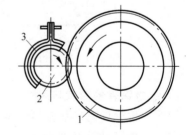

图 3-49 横轧(热轧齿轮)示意图
1—轧轮;2—坯料;3—感应加热器

3.5.2 挤压

挤压是坯料在挤压模内受压变形而获得所需制件的塑性成型方法。

按坯料流动方向和凸模运动方向的不同,挤压可分为以下四种方式:

(1) 正挤压。如图 3-50(a)所示,挤压时,坯料流动方向与凸模运动方向相同,用于制造

各种截面形状的实心件、各种型材和管材。

（2）反挤压。如图 3-50（b）所示,挤压时,坯料流动方向与凸模运动方向相反。该方法一般用于制造不同截面形状的杯形件。

（3）复合挤压。如图 3-50（c）所示,挤压时,坯料一部分顺凸模运动方向流动,一部分则向相反方向流动,即同时兼有正挤压和反挤压时坯料的流动特征。该方法常用于制造带有凸起部分的复杂形状空心件。

（4）径向挤压。如图 3-50（d）所示,挤压时坯料流动方向与凸模运动方向垂直。该方法一般用于制造在径向有凸起部分的零件。

综上所述,挤压时,坯料的截面依照模孔的形状而改变,长度也发生了变化。挤压应用很广,可生产各种复杂截面的型材、零件或毛坯,不仅可用于低碳钢、非铁金属及其合金的加工,还可以在采取适当的工艺措施后对合金钢及难熔合金进行挤压生产。

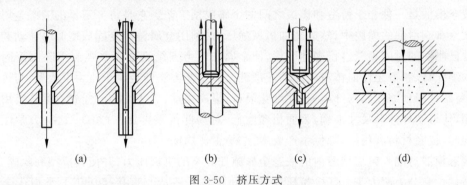

图 3-50　挤压方式

（a）正挤压；（b）反挤压；（c）复合挤压；（d）径向挤压

3.5.3　拉拔

拉拔是将金属坯料拉过拉拔模的模孔,使其变形的塑性加工方法,如图 3-51 所示。

拉拔过程中坯料在拉拔模内产生塑性变形,通过拉拔模后,坯料的截面形状和尺寸与拉拔模模孔出口相同。因此,改变拉拔模模孔的形状和尺寸,即可得到相应的拉拔成型的产品。

目前的拉拔形式主要有线材拉拔、棒料拉拔、型材拉拔和管材拉拔。拉拔模在拉拔过程中会受强烈的摩擦,生产中常采用耐磨的硬质合金（有时甚至用金刚石）来制造,以确保其精度和使用寿命。

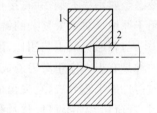

图 3-51　拉拔示意图

1—拉拔模；2—坯料

3.6　塑性成型新技术

3.6.1　超塑性成型技术

超塑性是指在特定的条件下,即在低的应变速率（$\varepsilon = 10^{-2} \sim 10^{-4}/\text{s}$）、一定的变形温度（约为热力学熔化温度的一半）和稳定而细小的晶粒度（$0.5 \sim 5\mu\text{m}$）的条件下,某些金属或合金呈现低强度和大伸长率的一种特性。超塑性合金能产生百分之百甚至百分之几千的拉伸形变,如钢的伸长率超过 500%,纯钛超过 300%。

在超塑性状态下进行拉伸时,金属不产生缩颈现象,变形抗力很小,流动应力不超过 7MPa,金属流动性极好,极易成型,可采用多种工艺方法制作形状复杂的零件。

超塑性成型加工时,金属塑性大为提高,扩大了可锻金属的种类;金属的变形抗力很小,可在吨位小的设备上模锻出较大的制件;其加工精度高,甚至不需切削加工即可使用,因此,超塑性成型是实现少、无切削加工和精密成型的新途径。

超塑性成型主要应用于气胀成型、超塑深拉延、无模拉伸、超塑等温模锻等,其中气胀成型是最早利用超塑性的工艺,目前应用最多,常用于生产薄壁壳体部件,其最大的特点是工艺和设备都很简单,如抛物线状的天线、仪表壳体及美术浮雕等。

3.6.2 液态模锻

液态模锻是一种介于铸造和模锻之间的金属成型工艺。它是将一定量的液态金属直接浇注入涂有润滑剂的模腔中,然后施加机械静压力,利用金属铸造凝固成型时易流动和锻造技术使已凝固的封闭硬壳进行塑性变形,使金属在压力下结晶凝固并强制消除因凝固收缩形成的缩孔,以获得无任何铸造缺陷的液锻件。该工艺方法使金属于压力下成型,与铸造相比,避免制件出现缩孔和内部疏松,并细化晶粒,提高强度;与模锻相比,节约模具费用和加工费用,使得制件外形尺寸准确,表面粗糙度低,对局部可不再加工,组织致密,力学性能优良。同时,提高材料利用率,降低生产成本,缩短生产周期。

液态模锻对浇入铸型型腔内的液态金属施加较高的机械压力,并使其成型和凝固,从而获得锻件。它分为两大类:直接挤压铸造和间接挤压铸造。直接挤压工艺类似于金属模锻,压力直接施加于液态金属的整个面上;间接挤压工艺与压铸接近,压力通过浇道间接作用于液态金属上。间接挤压铸件内部质量低于直接挤压件而高于压铸件。挤压工艺主要用于实现接近净形成型,生产高质量铸件,用于取代普通铸件、锻件。

液态模锻的典型工艺程序可分为铸型准备、浇注、加压和取件 4 个步骤。液态模锻能使液态金属平稳充型,并直接在机械压力下结晶,因而组织致密,不会卷入气体。液态模锻多用于厚壁形状不太复杂的铸件。

与普通铸锻工艺相比,液态模锻因本身具有一系列优点,成为一种具有很大应用潜力的成型工艺。液态模锻工艺是一种获得优质铸件的工艺方法,它突出的优点是结构简单、承载力大、抗磨性高、寿命长、无浇冒口、材料利用率高、节能效果明显。

3.6.3 摆动碾压

摆动碾压是利用一个带圆锥的上模对毛坯局部加压并绕中心连续滚动的加工方法。如果圆锥上模母线是一直线,则碾压出的工件上表面为一平面;若圆锥上模母线是一曲线,则工件上表面为一形状复杂的旋转曲面。下模与普通锻造方法的下模形状基本相同。为使上模形状尽量简单,一般都将锻件形状复杂的一面放在下模内成型。图 3-52 所示为摆动碾压工作原理。

与常规锻压相比,因摆动碾压是以连续局部变形代替常规锻

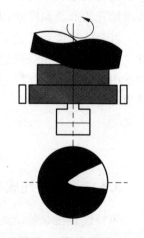

图 3-52　摆动碾压工作原理示意图

造工艺的一次整体成型,因此可以大大降低变形力。同时产品质量高,节省原材料,可实现少、无切削加工。

由于摆动碾压是属于局部变形、多次累积、最后整体成型的加工方法,毛坯时刻受偏心载荷作用,故要求毛坯高径比不宜过大,否则易弯。对于变形量较大的工件,往往需要预先制坯。因此摆动碾压适合加工薄而形状复杂的饼盘类锻件。劳动环境好,劳动强度低,设备投资少,制造周期短、见效快,占地面积小,基建费用低。

按照摆动碾压机的运动形式,可将摆动碾压分为三类:①摆头旋转,下模作轴线运动;②摆头旋转,并同时作轴线运动;③摆头旋转,并作轴线运动,同时下模旋转。依碾压温度不同分热碾、温碾、冷碾三种。冷碾碾压出的锻件精度高、质量好、表面粗糙度低、力学性能高,一般不需要再加工或只需很少量加工。热碾时变形力小,容易成型,但锻件精度低,模具寿命短,碾压出的成品尚需机械加工。温碾是介于热碾和冷碾之间的加工方法,温碾时变形力较小,锻件表面很少氧化,质量较高,是一种很有发展前途的方法。

3.6.4　精密模锻

精密模锻是指在模锻设备上锻造出形状复杂、锻件精度高的模锻工艺。它一般在刚度大、精度高,如曲柄压力机、摩擦压力机、高速锤或精锻机等模锻设备上进行。精密模锻加工时,需要精确计算原始坯料的尺寸,严格按坯料质量下料;需要精细清理坯料表面,除净坯料表面的氧化皮、脱碳层及其他缺陷等;尽量减少坯料表面形成的氧化皮;模锻时要很好地进行润滑和冷却锻模等方可获得高质量的零件。精密模锻锻件公差、余量约为普通锻件的 $1/3$,表面粗糙度为 $Ra3.2\sim0.8\mu m$,尺寸精度为 IT12~IT15 公差等级。精密模锻多用于中小型零件的大批生产。如各类医疗器械、汽车、拖拉机的直齿锥齿轮、飞机操纵杆及发动机涡轮叶片等零件均已采用精密模锻。

3.6.5　径向锻造

径向锻造又称旋转锻造,是指对轴向旋转送进的棒料或管料施加径向脉冲打击力,锻成沿轴向具有不同横截面制件或等截面坯料的工艺方法。它是加工实心或空心长轴类零件的旋转锻造方法,具有锻件质量高,生产效率高,材料消耗低等优点。径向锻造所用设备分精锻机和轮转锻机两类。精锻机多用程序控制、数字控制或微处理控制系统自动操作,生产效率高;轮转锻机结构简单,价格低,但自动化程度低,噪声大。径向锻造广泛用于机床、汽车、拖拉机、飞机、坦克和其他机械上的实心台阶轴、锥度轴、空心轴和带膛线的枪筒、炮筒及其他内外径有特定形状要求的轴。

3.6.6　粉末锻造

粉末锻造是指金属粉末经压实后烧结,再用烧结体作为锻造毛坯的锻造方法。它是将传统粉末冶金和精密锻造结合起来的一种新工艺,由于烧结体中存在一定数量的孔隙,其力学性能比锻件低。但烧结体在闭合模中进行热锻,使之发生塑性变形后,孔隙被压实,变成接近或完全致密的锻件,可以用来做受力构件。粉末锻造比普通锻造所需工序少、材料利用率高、锻造压力小,所达到的精度接近精密锻造。一般适用于难于锻造成型或难变形的金属或合金,如齿轮、花键等。

3.6.7 计算机在塑性成型技术中的应用

随着计算机技术的迅速发展,CAD/CAM 技术在塑性成型生产中的应用日趋广泛,特别是 CAD 的应用更为广泛。

计算机技术在锻造中的应用主要有以下几个方面:

(1) 利用计算机辅助估算各种费用。

(2) 利用计算机程序对给定的锻造工序预算所需的锻造载荷和锻打能量。

(3) 用计算机辅助设计预锻件的横截面。

(4) 用数控作图和加工样板、锻模及电加工机床用的石墨电极等。

在叶片精密锻造中,利用 CAD 技术特别引人注意。由于各种叶片都可归为同一类型的锻件,一种类型锻件的计算机程序,不经修改或少加修改便可使用几何形状类似而尺寸不同的叶片上。

在冲裁中,利用计算机对冲裁零件的排样进行优化设计。将零件在板料上各种可能的排样方案设计出来,从中选出最佳者,从而提高了材料的利用率。在胀形过程中,利用计算机模拟整个胀形过程,可以控制局部变薄程度,避免造成缺陷,出现废品。

冲压生产的主要工艺装备是模具。在模具设计和制造中,目前国内外广泛采用模具 CAD/CAM 一体化方式生产。它是将工件从计算机描述—工程分析—模具设计—数控编程—控制加工连成一体,进行全方位计算机控制,这是当今世界上最先进的生产方式,从而保证了模具生产的质量和生产周期,为塑性成型加工的高效率、高产品质量奠定了基础。

在塑性成型中采用 CAD/CAM 技术具有下列优点:

(1) 能节省设计人员和时间,使设计人员从繁琐的设计运算中解脱出来,从而更好地从事创造性劳动。

(2) 提高了生产率。采用 CAD/CAM 技术,可使设计和制造过程自动化,工作效果好,生产效率高。

(3) 提高了质量。由于计算机系统内存储有综合化的各种有关专业技术知识,为模具的设计和制造提供了科学基础,利用人机对话交互关系,充分发挥有利因素,使设计和制造达到最优化,从而提高了产品质量和模具寿命,降低产品成本。

复习思考题

1. 纤维组织是怎样形成的? 生产中应如何合理考虑纤维组织的分布?

2. 什么叫金属的锻造性能? 它受哪些因素影响?

3. 自由锻有哪些主要工序? 为什么重要的大型锻件必须采用自由锻的方法制造?

4. 如图 3-53 所示的两种砧铁上拔长时,效果有何不同?

5. 如图 3-54 所示锻件结构是否适于自由锻的工艺要求? 如不适合,应如何修改?

6. 锤上模锻选择分模面的原则是什么? 为什么不能冲出通孔? 锻件上为什么要有模锻斜度和圆角?

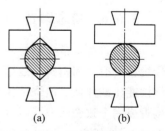

图 3-53 砧铁拉伸

(a) V 形砧;(b) 平砧

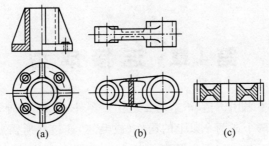

图 3-54　各种锻件

7. 锤上模锻的模膛中,预锻模膛起什么作用? 为什么终锻模膛四周要开设飞边槽?

8. 何谓板料冲压? 板料冲压有何特点?

9. 何谓弯曲工艺? 因为弯曲时存在回弹现象,设计弯曲模具的角度时应注意什么问题?

10. 何谓拉深工艺? 为保证拉深件的质量,应注意哪些问题?

11. 影响冲压件结构工艺性的因素主要有哪些?

12. 试比较自由锻造、锤上模锻、胎模锻造的优缺点。

13. 为了简化工艺和节省材料,对冲压件的结构可作哪些考虑?

14. 设计冲孔及落料件时应注意哪些问题?

15. 设计拉深件时应注意什么问题?

16. 按坯料流动方向和凸模运动方向的不同,挤压可分为哪几种方式? 各适用于加工哪些制件?

17. 何谓拉拔? 主要应用于哪些场合?

18. 超塑性成型有哪些特点? 主要有哪些应用?

19. 与常规锻压相比,摆动碾压有哪些特点?

20. 计算机技术在锻造中的应用主要有哪几个方面?

第 4 章　连 接 成 型

在机械制造中,除了采用铸造、锻造等工艺生产零件(或毛坯)外,还经常采用连接工艺,把铸、锻等方法制造的两个或两个以上的构件(或毛坯)连接成所需要的结构(或零件)。在许多情况下,采用连接工艺往往更为经济。有时,由于设备能力或几何形状的限制,连接工艺甚至是唯一可行的方法。常用的连接方法主要有焊接、螺栓连接、铆钉连接、胶接等。其中,焊接是目前应用最广的连接方法,它与金属的切削加工、压力加工、铸造、热处理等金属的加工方法一起构成的金属加工成型技术,是现代一切机械制造工业的基本生产工艺。

焊接是通过加热或加压,或两者并用,使用或不使用填充材料,使焊件达到原子间结合的加工方法。

根据焊接过程中金属所处的状态不同,焊接方法可分为熔化焊、压力焊和钎焊三类。

(1) 熔化焊。使被连接的构件局部加热熔化成液体,然后冷却结晶成一体的方法称为熔化焊。为实现熔化焊,关键是要有一个能量集中、温度足够高的加热热源。它是目前应用最广泛的一类焊接方法,按热源形式不同,熔化焊的基本方法有气焊、电弧焊、电渣焊、电子束焊、激光焊等。

(2) 压力焊。焊接过程中,必须对焊接施加压力(加热或不加热)以完成焊接的方法。压力焊接的基本方法有电阻焊、冷压焊、摩擦焊、超声波焊、爆炸焊、锻焊等。

(3) 钎焊。采用熔点低于被焊金属的钎料(填充金属)熔化之后,填充接头间隙,并与被焊金属相互扩散实现连接的焊接方法。钎焊常用的方法有铜焊、锡焊、银焊等。

与其他连接方法(如铆接)相比,焊接具有以下优点:节省材料、减轻结构质量;接头强度高、密封性好;可简化加工与装配工序,缩短生产周期;易于实现机械化和自动化生产,提高生产率和产品质量。但它也还存在一些不足之处,如:焊接结构不可拆卸,给维修带来不便;焊接结构中会存在焊接应力和变形;焊接接头的组织和性能不均匀,并会产生焊接缺陷等。

焊接主要用于制造金属结构件,在机器制造、造船工业、建筑工程、电力设备生产、航空及航天工业等应用十分广泛。随着焊接技术的发展及计算机技术在焊接中的应用,焊接在国民经济建设中的应用将更加广泛。

4.1　焊接成型的工艺基础

4.1.1　焊接冶金基础

这里主要介绍电弧焊冶金过程的一般特点。

实施电弧焊时,焊接区在高温热源的作用下,要经受加热、熔化、冶金反应、结晶、冷却、固态相变等一系列复杂的过程,这些过程又是在温度、成分及应力极不平衡的条件下发生,就像在小型电弧炉中炼钢一样,熔化的金属在熔池中进行着氧化、还原、造渣、合金化等一系列的物理化学过程。和一般的冶金过程相比，焊接冶金过程具有以下特点：

（1）温度远高于一般的冶炼温度。在焊接碳素结构钢和低合金高强度结构钢时，熔滴的平均温度约 2300℃，熔池温度在 1600℃以上，高于普通冶金温度。高温使金属元素强烈蒸发，并使电弧区的气体分解成原子状态，增大了气体的活泼性，导致金属烧损或形成有害杂质。

（2）冷却速度快，熔池体积小，周围又是冷金属，熔池处于液态的时间很短，一般在 10s 以下，各种化学反应难以达到平衡状态，致使化学成分不均匀，气体和杂质来不及浮出，从而易产生气孔和夹渣等缺陷。

由于具有以上特点，如果在焊接过程不加以保护，空气中的氧、氮和氢等气体就会侵入焊接区，并在高温作用下分解成原子状态的氧、氮和氢，与金属元素发生一系列的物理化学作用，其反应式如下：

$$Fe+O = FeO \qquad\qquad 4FeO = Fe_3O_4+Fe$$
$$C+O = CO \qquad\qquad C+FeO = Fe+CO$$
$$Mn+O = MnO \qquad\qquad Mn+FeO = Fe+MnO$$
$$Si+2O = SiO_2 \qquad\qquad Si+2FeO = 2Fe+SiO_2$$

反应的结果是，钢中的一些元素被氧化，熔池中碳、锰、硅等大量烧损形成 FeO、SiO_2、$MnO \cdot SiO_2$ 等熔渣，当熔池迅速冷却后，一部分氧化物残留在焊缝中形成夹渣，显著降低焊缝的力学性能。

氢和氮在高温时能溶于液态金属内，氮和铁还可形成 Fe_2N、Fe_4N。冷却后，一部分氮保留在钢中，Fe_4N 则呈片状夹杂物留在焊缝中，使焊缝的塑性和韧性下降。氢的存在则引起氢脆，促进冷裂纹的产生，并容易形成氢气孔。

综上所述，为了保证焊缝质量，焊接过程中必须采取必要的工艺措施。

（1）造成有效的保护限制空气侵入焊接区。焊条药皮、埋弧自动焊的焊剂以及保护气体都能起到这个作用，如焊条药皮能产生 CO_2 气体和熔渣，将熔化金属和空气隔绝以防止空气的侵入。气体保护焊的保护气体虽然不能补充合金元素，但能起到良好的保护作用。

（2）渗入有用合金元素以保证焊缝的化学成分。如在焊条药皮（或焊剂）中加入锰铁等铁合金和金属粉，焊接时可过渡到焊缝金属中，以弥补有用合金元素的烧损，甚至可增加焊缝金属的某些合金元素，以提高焊缝金属的性能。

（3）进行脱氧、脱硫和脱磷。焊接时熔化金属除可能被空气侵入外，还可能被工件表面的铁锈、油污、水分或保护气中分解出来的氧所氧化，所以在焊前必须清除工件表面的铁锈、油污和水分，同时还应在焊条药皮（或焊剂）中加入锰铁、硅铁等进行脱氧、脱硫和脱磷。

4.1.2　焊接接头的组织与性能

1. 焊接接头的组织与性能

焊接接头由焊缝区和焊接热影响区组成。现以低碳钢（Q235 或 20 钢）为例，说明焊缝区和热影响区的组织和性能的变化。图 4-1 表示焊接接头不同区域所获得的组织，其中左下部是焊件的横截面，上部是相应各点在焊接过程中被加热达到的最高温度曲线（图中只画出焊缝以右部分，左部分与之对称）。显然，距焊缝中心越远，温度越低。1-2、2-3、3-4 等各段组织性能的变化可用右侧所示的部分 $Fe-Fe_3C$ 合金状态图来对照分析，在焊件截面图上

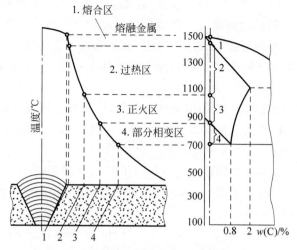

图 4-1　低碳钢焊接接头不同区域的组织

已示出相应各点金属的组织变化情况。

1) 焊缝区

焊缝区是在焊接接头横截面上测量的焊缝金属的区域。焊接热源向前移去后,熔池液体金属迅速冷却结晶,结晶从熔池底部未熔化的半个晶粒开始,垂直熔合线向熔池中心生长,呈柱状树枝晶。焊缝组织是从液体金属结晶的铸态组织,晶粒粗大,成分偏析,组织不致密。但由于熔池小,冷却快,化学成分控制严格,碳、硫、磷都较低,并含有一定合金元素,故可使焊缝金属的力学性能不低于母材。

对低碳钢而言,冷却速度越大,奥氏体转变温度越低,熔池结晶后的组织就越细,珠光体的含量增多而铁素体的含量却减少,加之焊条添加合金元素,结果焊缝金属的强度和硬度都有所提高,而塑性和韧性却略有降低。

2) 热影响区

焊接或切割时,材料因受到焊接热的作用(未熔化)而发生金相组织和力学性能变化的区域称为热影响区。以低碳钢为例,热影响区可分为熔合区、过热区、正火区和部分相变区。

(1) 熔合区。又称半熔化区,是焊缝向热影响区过渡的区域。其加热温度处于液相线和固相线之间。焊接过程中,部分金属被熔化。熔化的金属凝固成铸态组织,未熔化的金属因加热温度过高而形成过热的粗晶组织,所以此区域塑性和冲击韧性很差,常常是裂纹和局部脆性破坏的发源地。在低碳钢焊接接头中,这一区域较窄(0.1～1mm)。

(2) 过热区。又称粗晶区,是邻近熔合区外侧的区域。其温度为固相线至 1100℃之间。由于温度高,奥氏体晶粒急剧长大,冷却后得到过热的粗晶组织,因此塑性和冲击韧性急剧降低,也是焊接接头的一个薄弱的区域。

(3) 正火区(完全重结晶区)。正火区是指热影响区内相当于受到正火热处理的区域,处于过热区外侧。其温度为 1100℃至 A_3 线之间。冷却后,得到细小均匀的铁素体和珠光体组织,其力学性能优于母材,是焊接接头力学性能最好的区域。但从整个焊接接头来看,由于此区狭窄,对提高焊接接头性能作用不大。

(4) 部分相变区(不完全重结晶区)。它是指热影响区内发生部分相变的区域,处于正火区外侧。其温度为 A_3 线至 A_1 线之间。此区域在受到焊接加热时，原始组织中的珠光体和部分铁素体转变成奥氏体，并残留一部分未转变的铁素体。冷却以后，未转变的铁素体部分成为粗大的铁素体，奥氏体部分则转变成细小的铁素体和珠光体。由于组织不均匀，力学性能比正火区稍差。

以上四个区域是焊接热影响区的主要组成部分，其金相组织和力学性能直接影响焊接接头的性能。其中，正火区性能最好，部分相变区次之，熔合区和过热区性能最差。一些焊接结构的破坏事故中，断裂部位多数都发生在热影响区的熔合区或过热区，而并不是发生在焊缝上，因此热影响区的组织和性能必须受到足够的重视。

在熔化焊中，热影响区虽然不可避免，但可以通过选择焊接方法、焊接规范、接头型式及焊后的冷却速度等途径，控制热影响区的范围大小和组织性能的变化程度，把不利影响降低到最小范围。表 4-1 是不同焊接方法焊接低碳钢时，焊接热影响区的平均尺寸。

表 4-1　不同焊接方法焊接热影响区的平均尺寸

焊 接 方 法	手工电弧焊	埋弧自动焊	钨极氩弧焊	气焊	电渣焊
过热区宽度/mm	2.2～3.5	0.8～1.2	2.1～3.2	21.0	18.0～20.0
热影响区总宽度/mm	6.0～8.5	5.0～7.0	5.0～6.5	27.0	25.0

2. 改善焊接热影响区组织和性能的方法

焊接热影响区在焊接接头中是必然存在的，由于焊接热影响区中的组织和性能的不均匀性，必然影响整个焊接接头的使用性能。

（1）对于低碳钢焊接结构，由于材料本身塑性良好，只要结构不复杂，又不承受过大的载荷，则焊接热影响区的存在并不影响使用性能。

（2）对于低碳合金焊接结构或用电渣焊焊接的结构，热影响区较大，焊后必须进行热处理。通常可用正火的方法，细化晶粒，均匀组织，改善焊接接头的质量。

（3）对于焊后不能进行热处理的焊接结构，只能通过正确选择焊接方法，合理制订焊接工艺来减小焊接热影响区，以保证焊接质量。

4.1.3　焊接应力与变形

1. 焊接应力与变形产生的原因

焊接后残存于焊件中的内应力称为焊接应力。焊接后残存于焊件上的变形称为焊接变形。焊接应力与变形在焊接过程中往往是难以避免，它影响焊接结构的尺寸精度和焊接接头的强度。焊接结构产生应力与变形后，轻者需耗费不少人力物力去矫正和消除，重者会因无法矫正而使工件报废。因此，在焊接过程中，应尽可能减少焊接应力与变形，以保证焊接结构有较高的质量。

焊接时，焊件受到局部的加热和冷却，焊件各部分的自由膨胀和收缩量不一致，如果膨胀和收缩能够自由进行，则不会产生焊接应力；但焊件是一个整体，焊件各部分相互牵制，使各部分的膨胀和收缩不能自由进行，从而形成焊接应力。焊接应力进一步引起焊接变形。

由此可见，焊接时焊件受到的局部加热和冷却是产生焊接应力和变形的根本原因。但是焊接过程的特点决定了焊接应力和变形是不可避免的，所以只能在生产中采取适当措施，预防和减少焊接应力和变形。

2. 焊接应力和变形的分类

1) 焊接应力的分类

焊接应力按其形成的原因,可分为以下三种:

(1) 热应力(温度应力)。焊接时,由于加热不均匀,使焊件各部分热膨胀不一致所产生的应力。

(2) 组织应力。在焊接过程中,由于焊件各部分受不同的热作用,引起各局部金属发生不同的金相组织转变,随着金相组织变化会产生体积的变化,体积变化受阻时便产生组织应力。

(3) 凝缩应力。焊接时,由于金属溶池从液态冷凝成固态,其体积收缩时受到限制便形成了凝缩应力。

2) 焊接变形的分类

焊接时,因焊接接头的形式、板材的厚薄、焊缝的长短、焊缝的位置以及结构的形状等诸多因素的影响,将会出现各种不同形式的变形。焊接变形的基本形式有收缩变形、角变形、弯曲变形、波浪变形和扭曲变形等。

常见的焊接变形的基本形式及产生原因见表 4-2。实际焊接生产中发生的焊接变形可能是其中的一种,也可能是几种变形的叠加。

表 4-2　焊接变形的基本形式及产生原因

序号	变形形式	示　意　图	变形特征	产生的原因
1	收缩变形		沿焊缝长度方向的收缩(纵向收缩)、沿焊缝宽度方向的收缩(横向收缩)(图示为横向收缩)	由焊缝纵向收缩和横向收缩引起的
2	角变形		焊缝两侧的板围绕焊缝的角位移	焊接时,由于沿板厚方向温度不均匀引起的
3	弯曲变形		工件向焊缝一侧挠曲	由于焊缝的纵向和横向收缩不均匀引起的
4	波浪变形		薄板边缘受压而产生的波浪形弯曲	由于焊缝的纵向收缩引起的焊接压应力导致薄板失稳产生的变形

3. 防止和减少焊接应力与变形的措施

在焊接结构中,焊接应力与变形并不是孤立的两种现象,二者往往同时存在,相互制约。例如,在焊接过程中,有时采用焊接夹具等刚性固定法施焊,可以减小变形,但却增加了应力。因此,为了减小焊接应力,应该允许存在一定程度的变形。焊接生产中,有时往往要求焊接结构既不要存在大的变形,又不允许存在较大的焊接应力。

为减少焊接应力与变形,可以从设计和工艺两个方面来解决。

1) 设计方面的措施

(1) 合理地选择焊缝的尺寸和形式。焊缝尺寸直接关系到焊接工作量和焊接变形的大小。焊缝尺寸大,不但焊接工作量大,而且变形也大。因此,一般在保证结构的承载能力的条件下,设计时应尽量采用较小的焊缝尺寸。片面地加大焊缝尺寸,对控制变形不利。

对于受力较大的 T 形接头和十字形接头,在保证相同的强度的条件下,采用开坡口的焊缝比一般角焊缝减少焊缝金属,如图 4-2 所示,这样有利于减少焊接变形。

(2) 尽可能减少不必要的焊缝。这样不仅节省焊接材料,而且可减少结构所受热量,从而可以减小变形。例如,能用大尺寸的钢板时,就不用钢板拼焊;能采用合适的型钢或冲压件时,就不用钢板拼接。图 4-3(a)中的结构就不如图 4-3(b)和图 4-3(c)好。

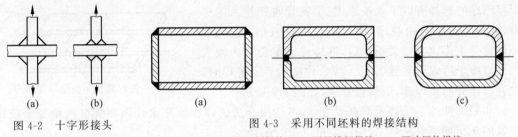

图 4-2 十字形接头

(a) 不开坡口;(b) 开坡口

图 4-3 采用不同坯料的焊接结构

(a) 四块钢板焊接;(b) 两根槽钢焊接;(c) 两冲压件焊接

(3) 合理地安排焊缝位置。使焊缝尽可能对称于截面中性轴,或者使焊缝接近于中性轴。焊缝对称于中性轴,有可能使焊缝所引起的挠曲变形互相抵消;焊缝接近中性轴,可以减少焊缝所引起的挠曲。图 4-4(a)所示结构,焊后因焊缝纵向收缩会引起结构下挠;而图 4-4(b)所示结构,因焊缝对称于 x 轴,则无此问题。

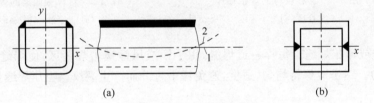

图 4-4 焊缝的对称性对焊接变形的影响

(a) 焊缝不对称于 x;(b) 焊缝对称于 x,y 轴

1—焊前的中心线;2—焊后的中心线

2) 工艺方面的措施

(1) 下料时在尺寸上要有一定的余量,以抵消焊缝的收缩,特别是横向收缩。

(2) 采用反变形法,即在焊接以前首先判断一下结构将产生的变形的大小和方向,然后在装配或备料时给予一个相反方向的变形,如图 4-5 和图 4-6 所示。这样,焊后就可以抵消焊接变形,保证尺寸要求。

(3) 采用刚性固定法,即在没有反变形的情况下,将焊接构件加以刚性固定来限制焊接变形。用这种方法预防构件的弯曲变形,只能在一定程度上使变形减小,效果不如反变形法。利用这种方法防止角变形比较有效。对于铸铁及易淬硬钢等材料,当变形受阻时易产生裂纹,则不宜采用这种方法。

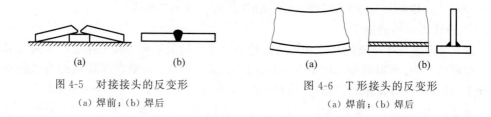

图 4-5　对接接头的反变形　　　　　图 4-6　T形接头的反变形

(a) 焊前；(b) 焊后　　　　　　　　(a) 焊前；(b) 焊后

(4) 采用合理的焊接规范。焊接变形一般随焊缝的热输入的增大而增大，而热输入随焊接电流的增大和焊接速度的降低而增加。因此，在焊缝尺寸满足要求的情况下，适当减小焊接电流和增大焊接速度可以减小焊接变形。

(5) 选用合理的焊接顺序。焊接时，应尽量使焊缝自由收缩，减小对焊缝的拘束作用。焊接顺序的选择有以下几条原则：①先焊收缩量大的焊缝，使先焊焊缝自由收缩，因而产生的应力小；②先焊使用时受工作应力较大的焊缝，这样可以避免受力较大的焊缝由于后焊而导致的过大残余拉应力；③拼焊时，应先焊错开的短焊缝，后焊长焊缝，如图4-7所示。

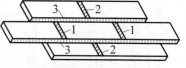

图 4-7　按焊缝长短确定焊接顺序

如果焊件的正反两面都有焊缝，则可选用合适的焊接顺序来使两侧焊缝的角变形或横向收缩互相抵消或减弱，如图4-8和图4-9所示。

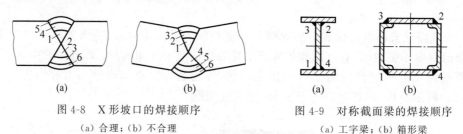

图 4-8　X形坡口的焊接顺序　　　　　图 4-9　对称截面梁的焊接顺序

(a) 合理；(b) 不合理　　　　　　　　(a) 工字梁；(b) 箱形梁

(6) 锤击或辗压焊缝。每焊一道焊缝，用手锤或风锤锤击焊缝区，使焊缝得到延伸，从而降低内应力。锤击应保持均匀、适度，避免锤击过分而产生裂纹。辗压焊缝也可以降低内应力。

(7) 焊前预热。这是最有效地减小焊接应力的方法。这种方法是在焊前将工件预热到150～350℃后进行焊接。预热可使焊缝区金属和周围金属的温差减小，焊后又可比较均匀地缓慢冷却，因此可显著减小焊接应力，并且还能减小焊接变形。

(8) 焊后热处理。这是最常用和最有效的消除焊接残余应力的一种方法。这种方法是在焊后将工件均匀加热至600～650℃，保温一定时间(一般按4～5min/mm厚度计算，但不少于1h)，然后缓慢冷却。对于低碳钢，其屈服强度在650℃左右几乎趋近于零，处于全塑性状态，所以可以消除80%～90%的残余应力。

(9) 对变形进行矫正。在生产中，即便采用上述措施，焊后仍可能产生超过允许值的变形。为确保结构的形状和尺寸要求，需对变形进行矫正。矫正的实质就是使焊接结构产生新的变形，以抵消焊接时已产生的变形。生产中常用的矫正方法有火焰矫正和机械矫正两种。

① 火焰矫正。利用氧—乙炔火焰在焊件适当部位加热，使焊件冷却收缩时产生新的变

形,以抵消焊接时产生的变形。如图 4-10 所示的工字梁,在图中阴影部位加热,使加热部位产生压缩塑性变形,利用冷却后加热部位的收缩,使变形得到矫正。

　　② 机械矫正。利用施加外力的作用来矫正变形。可采用矫直机、辊床或各种压力机进行矫正,也可用手锤和风锤锤击来矫正。如图 4-11 所示是用千斤顶矫正工字梁的弯曲变形的示意图。

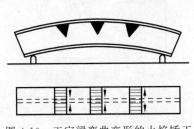
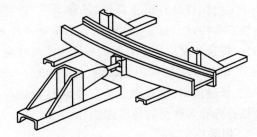

图 4-10　工字梁弯曲变形的火焰矫正　　　　图 4-11　用千斤顶矫正工字梁的弯曲变形

　　矫正只适用于塑性好的材料,如低碳钢、普通低合金钢等。脆性材料及易淬火钢不能矫正。

4.2　常用焊接方法

4.2.1　手工电弧焊

1. 焊接电弧

　　手工电弧焊是利用电弧放电时产生的热量来熔化焊条和焊件,从而获得牢固接头的焊接过程。因此,要了解手工电弧焊必须首先了解电弧的基本知识。

　　焊接电弧是在两电极之间的气体介质中强烈而持久的放电现象。为产生电弧,必须使两电极气体空间导电,因此焊接电弧的引燃是一个使电极发射电子并使气体介质电离的过程。焊接电弧的引燃有非接触引燃和接触引燃两种。生产中一般采用接触引弧,先将电极(碳棒、钨极或焊条)和焊件接触形成短路,此时在某些接触点上产生很大的短路电流,温度迅速升高,为电子的逸出和气体电离提供能量条件;而后将电极提起一定距离(<5mm),在电场力的作用下,被加热的阴极有电子高速逸出,撞击空气中的中性分子和原子,使空气电离成阳离子、阴离子和自由电子。这些带电粒子在外电场作用下定向运动:阳离子奔向阴极,阴离子和自由电子奔向阳极。在它们的运动过程中,不断碰撞和复合,产生大量的光和热,形成电弧。

　　焊接电弧由阴极区、阳极区和弧柱区三部分组成。阴极区温度约为 2400K,放出的热量占电弧总热量的 36% 左右;阳极区温度约为 2600K,放出的热量占电弧总热量的 43% 左右;弧柱区中心温度最高,可达到 6000～8000K,放出的热量占电弧总热量的 21% 左右。

2. 手工电弧焊的焊接过程及特点

　　手工电弧焊是用手持焊钳夹持焊条与工件之间产生的电弧将焊条和工件局部加热熔化,焊芯端部熔化后的熔滴和熔化的母材融合在一起形成熔池,焊条药皮熔化后形成熔渣并放出气体,在气、渣的联合保护下,防止空气的侵入,有效地排除周围空气的有害影响,通过高温下熔渣与熔池液态金属之间的冶金反应,操作焊条进行焊接的一种电弧焊方法,如图 4-12 所示。当焊条向前移动时,焊条和工件在电弧热作用下继续熔化形成新的熔池,原先的熔池液态金属则逐步冷却结晶形成焊缝,覆盖在熔池表面的熔渣也随之凝固形成渣壳。

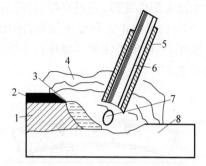

图 4-12　手工电弧焊过程示意图
1—焊缝;2—渣壳;3—熔池;4—保护气体;
5—焊条药皮;6—焊芯;7—熔滴;8—工件

手工电弧焊具有设备简单、操作灵活、投资少和适应性广等特点。但手工电弧焊也有劳动条件差、生产率低、焊接质量取决于焊工的技术水平等缺点。因此,手工电弧焊主要应用于碳钢、低合金钢、不锈钢、耐热钢、低温用钢、铜及铜合金等金属材料的焊接以及铸铁补焊和各种材料的堆焊。

3. 焊条

1) 焊条的组成及作用

焊条由药皮和焊芯两部分组成。药皮是焊条中压涂在焊芯外表面的涂料层。焊芯是焊条中被药皮包覆的金属芯。焊接时,焊芯既是电极,又可填充金属,因此,焊芯的化学成分和性能对焊缝金属有着直接的影响。根据被焊金属的种类,选择相应牌号的焊丝作为焊芯。焊接碳钢和低合金钢的结构钢焊条常选用型号为 ER50-2 或 ER50-3 的低碳钢焊丝为焊芯。"ER"表示焊丝,ER 后面的数字表示熔覆金属的最低抗拉强度,短划"-"后面数字表示焊丝化学成分分类代号。表 4-3 为碳素钢焊丝的型号及成分。

表 4-3　碳素钢焊丝的牌号及成分(摘自 GB/T 8110—2008)

型　号	化学成分/%						
	C	Mn	Si	Cr	Ni	S	P
ER50-2	0.07	0.90～1.40	0.40～0.70	0.15	0.15	0.025	0.025
ER50-3	0.06～0.15	0.90～1.40	0.45～0.75	0.15	0.15	0.025	0.025
ER50-4	0.06～0.15	1.00～1.50	0.65～0.85	0.15	0.15	0.025	0.025

焊条药皮的作用主要有如下三个方面:

(1) 保护作用。在电弧热的作用下,药皮熔化形成熔渣并产生某些气体。熔渣和这些气体联合起来使熔滴、熔池和焊接区与空气隔离,防止氢气等有害气体侵入。

(2) 冶金作用。焊接过程中,熔渣与熔池金属相互作用进行冶金反应,其结果是去除有害杂质(如氧、氢、硫、磷等),并向焊缝中添加有益的合金元素(如锰、钛、铝、钒、铌等),使焊缝具有较为理想的化学成分、较高的力学性能和良好的抗气孔及抗裂性能。

(3) 使焊条具有良好的工艺性能。焊条药皮可以使电弧容易引燃并能稳定地连续燃烧;焊接飞溅少;焊缝成型美观;焊缝易于脱渣及可适用于各种空间位置的施焊。

2) 焊条种类、型号及牌号

焊条种类繁多,我国将焊条按用途分为十大类,即低温钢焊条(W)、铬及铬钼耐热钢焊条(R)、镍及镍合金焊条(N)、结构钢焊条(J)、不锈钢焊条(B)、堆焊焊条(D)、铸铁焊条(Z)、铜及铜合金焊条(T)、铝及铝合金焊条(L)、特殊钢焊条(TS)等,其中应用最多的是结构钢焊条。

按药皮熔化后的酸碱度不同,焊条分为酸性焊条和碱性焊条两类。酸性焊条药皮中以酸性氧化物为主(如 SiO_2、TiO_2 等),氧化性强,合金元素烧损大,故焊缝的塑性和韧性不高,且焊缝中氢含量高,抗裂性差,但酸性焊条具有良好的工艺性,对油、水、锈不敏感,交直流电源均可用,广泛用于一般结构件的焊接。碱性焊条(又称低氢焊条)药皮中以碱性氧化物(CaO、FeO、MgO 等)为主,并含较多铁合金,脱氧、除氢、渗金属作用强。但碱性焊条工艺性较差,电弧稳定性差,对油污、水、锈较敏感,抗气孔性能差,一般要求采用直流焊接电源,主要用于焊接重要的钢结构或合金钢结构。

焊条型号是国家标准中的焊条代号。碳钢焊条型号按 GB 5117—1995 规定,用"E 和数字"表示。如 E4303、E5015、E5016 等。"E"表示焊条;前两位数字表示熔敷金属抗拉强度的最小值;第三位数字表示焊条的焊接位置,"0"及"1"表示焊条适用于全位置焊接(平焊、立焊、横焊、仰焊),"2"表示焊条适用于平焊及平角焊,"4"表示焊条适用于向下立焊;第三位和第四位数字组合时表示焊接电流种类及药皮类型,如"03"为钛钙型药皮,交流或直流;"15"为低氢钠型药皮,直流反接;"16"为低氢钾型药皮,交流或直流反接。

焊条牌号是焊条行业统一的焊条代号。焊条牌号一般用一个大写的拼音字母和三位数字表示,如"J"表示结构钢焊条(碳钢焊条和普通结构钢焊条),三位数字中前两位数字表示抗拉强度等级,其等级有 42、50、55、60、70 等,分别表示焊缝金属的最低抗拉强度 420MPa、500MPa、550MPa、600MPa、700MPa;最后一个数字表示药皮类型和电流种类,1~5 为酸性焊条,6、7 为碱性焊条。

3) 焊条的选用原则

焊条的种类很多,各有其适用范围。选用是否恰当将直接影响焊接质量、劳动生产率和产品成本。通常应根据母材的化学成分、力学性能、抗裂性、耐腐蚀性以及高温性能等要求,选用相应的焊条种类;再考虑焊接结构形状、受力情况、工作条件和焊接设备等方面来选用具体的型号与牌号。

(1)考虑母材的力学性能和化学成分。焊接低碳钢和低合金结构钢时,应根据焊接件的抗拉强度选择相应强度等级的焊条,即等强度原则;焊接耐热钢、不锈钢等材料时,则应选择与焊接件化学成分相同或相近的焊条,即等成分原则。

(2)考虑结构的使用条件和特点。对于承受动载荷或冲击载荷的焊接件,或结构复杂、大厚度的焊接件,为保证焊缝具有较高的塑性和韧性,应选择碱性焊条。

(3)考虑焊条的工艺性。对于焊前清理困难,且容易产生气孔的焊接件,应当选择酸性焊条;如果母材中含碳、硫、磷量较高,则应选择抗裂性较好的碱性焊条。

4. 手工电弧焊工艺参数

手工电弧焊焊接工艺参数主要有焊条直径、焊接电流、焊接速度和电弧长度等。

(1)焊条直径。焊条直径的选取主要取决于工件厚度、焊缝位置以及焊接层数和层次等。厚度较厚的工件,应选用较大直径的焊条。平焊用的焊条直径可以大些以提高劳动生产率。立焊的焊条直径最大不超过 5mm,仰焊和横焊焊条直径最大不超过 4mm。但对多层焊,第一层应采用直径不超过 3.2~4mm 的焊条,以保证焊缝根部焊透和不被烧穿。一般情况下,根据焊件厚度选定焊条直径的数据列于表 4-4。

表 4-4　根据工件厚度选择焊条直径

工件厚度/mm	2	3	4～5	6～12	>12
焊条直径/mm	2.0	2.0～3.2	3.2～4.0	4.0～5.0	4.0～6.0

(2) 焊接电流。焊接电流主要根据焊条直径、焊件厚度、接头形式和焊缝位置等决定。表 4-5 可供选择时参考。

表 4-5　不同焊条直径选用的电流值

焊条直径/mm	1.6	2.0	2.5	3.2	4.0	5.0	6.0
焊接电流/A	25～40	40～70	50～80	90～130	160～210	200～270	260～310

散热条件好的接头(如 T 形接头三个方向导热)和焊件厚度增厚时需相应地增加焊接电流。横焊、立焊和仰焊时所用电流应比平焊时小 10%～15%,以防止熔池金属在重力作用下流淌,影响焊缝成型。

4.2.2　埋弧自动焊

电弧埋在焊剂层下燃烧进行焊接的方法称埋弧焊。埋弧焊可分为自动焊和半自动焊,生产中应用最多的是埋弧自动焊。

1. 埋弧自动焊的焊接过程

埋弧自动焊的焊接过程如图 4-13 所示。焊接时,先在焊接接头上面覆盖一层颗粒状焊剂,自动焊机机头将光焊丝自动送入电弧区并保证一定的弧长,电弧引燃以后,在焊剂层下燃烧,使焊丝、母材和部分焊剂熔化,形成熔渣和熔池并进行冶金反应。同时少量焊剂和金属蒸发形成蒸汽,并具有一定的蒸汽压力,在蒸汽压力作用下形成一个封闭的熔渣泡,包围着电弧和熔池,使之与空气隔绝,对熔滴和熔池起到保护作用,同时也防止金属的飞溅,减少电弧热量的损失,阻止弧光散射。随着自动焊机机头向前移动(或者自动焊机机头不动,工件匀速运动),焊丝、焊剂和母材不断熔化,熔池后面的金属不断冷却凝固形成连续焊缝,浮在熔池上部的熔渣冷凝成渣壳,如图 4-14 所示。未熔化的焊剂经回收处理后可继续使用。

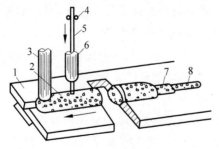

图 4-13　埋弧自动焊示意图
1—工件;2—焊剂;3—焊剂漏斗;4—送丝滚轮;
5—焊丝;6—导电嘴;7—渣壳;8—焊缝

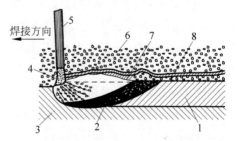

图 4-14　埋弧自动焊纵截面
1—焊缝;2—熔池;3—工件;4—电弧;
5—焊丝;6—焊剂;7—已熔化的焊剂;8—渣壳

2. 埋弧自动焊的特点

与手工电弧焊相比,埋弧自动焊具有以下优点:

（1）生产率高。埋弧焊的电流常用到 1000A 以上，比手工电弧焊高 6～8 倍；熔深大（可达 20mm）；还节省了更换焊条的时间。因此，埋弧焊可比手弧焊提高生产率 5～10 倍。

（2）焊接质量高而且稳定。焊接过程自动进行，工艺参数稳定，熔池保持液态时间较长，冶金过程进行较为彻底，气体和熔渣易于浮出，使焊缝金属化学成分均匀，且不易出现焊接缺陷。同时，电弧区保护严密，因此焊缝成型美观，飞溅很小，焊缝质量高且稳定。

（3）节省金属材料。埋弧焊没有手工电弧焊时的焊条头损失，焊件可不开或少开坡口，使填充金属损耗减少。

（4）劳动条件好。焊接过程中的机械化和自动化，使焊工的劳动强度大大降低，焊接时看不到弧光，焊接烟雾也很少，劳动条件好。

但埋弧自动焊也有不足之处，如在焊接位置上仅适用于水平或接近水平位置的焊接；焊接不如手弧焊灵活，只适用于长和规则焊缝的焊接；小电流时电弧稳定性不好，不适合焊接厚度小于 1mm 的薄板等。

埋弧焊用于低碳钢、低合金结构钢、不锈钢、耐热钢等材料，主要用在压力容器的环缝焊和直缝焊、锅炉冷却壁的长直焊缝及船舶和潜艇壳体、起重机械、冶金机械的焊接。

4.2.3　二氧化碳气体保护焊

1. 二氧化碳气体保护焊的焊接过程

二氧化碳气体保护焊简称 CO_2 焊，是利用 CO_2 气体作为保护气体的气体保护焊的焊接方法。它用焊丝作为电极，靠焊丝和工件之间产生的电弧熔化焊丝和焊件，以自动或半自动方式进行焊接。目前应用较多的是半自动焊，即焊丝送进靠送丝机构自动进行，由焊工手持焊具进行焊接操作。

CO_2 焊的焊接装置和焊接过程如图 4-15 所示。焊丝由送丝机构通过软管经导电嘴送出，CO_2 气体从喷嘴中以一定流量喷出，电弧引燃后，焊丝末端、熔滴及熔池被 CO_2 气体所包围，防止空气侵入，可对焊接区域起保护作用。

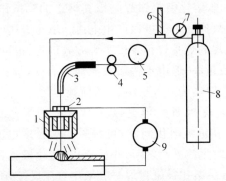

图 4-15　CO_2 焊焊接装置示意图

1—焊炬喷嘴；2—导电嘴；3—送丝软管；4—送丝机构；

5—焊丝盘；6—流量计；7—减压器；8—CO_2 气瓶；9—电焊机

CO_2 气体密度较大，被电弧加热分解成 CO 和 O，发生体积膨胀，所以可隔绝空气，对熔化金属起到良好的保护作用。但 CO_2 是氧化性气体，所分解的 CO 和 O 使钢中的碳、锰、硅及其他合金元素严重烧损，影响焊缝的力学性能。同时溶解在金属液中的氧和碳反应生成的 CO 气体在高温下剧烈膨胀易造成强烈的飞溅,且 CO 残留在焊缝中可能形成气孔。为了保证焊缝的合金化,防止气孔和飞溅,需采用含锰、硅较高的低碳钢焊丝或含有相应合金元素的合金钢焊丝及专用的直流电源。

2. 二氧化碳气体保护焊的特点

CO_2 焊具有以下优点:

(1) 生产率高。焊丝自动送进、电流密度大、电弧热量集中,因此熔深大且焊丝熔化率高,熔敷速度快。较手工电弧焊生产率提高 1~3 倍。

(2) 焊缝质量好。CO_2 焊抗锈能力强,焊缝含气量低,抗裂性好。

(3) 成本低。CO_2 气体是酿造厂和化工厂的副产品,来源广,价格低。因而 CO_2 焊成本只有埋弧焊和手工电弧焊的 40%~50%。

(4) 操作性能好。CO_2 焊是明弧焊接,方便操作,适于各种位置的焊接。

CO_2 焊的缺点是用较大电流焊接时,飞溅大、焊缝成型不美观。另外 CO_2 焊由于保护气体具有强烈的氧化性,不适于焊接非铁金属及合金。对于不锈钢,焊缝金属有增碳现象,对抗腐蚀性能不利,因此主要用于低碳钢及低合金钢等黑色金属。在造船、机车车辆、汽车制造、农业机械、石油化工、工程机械等行业得到广泛应用。

4.2.4　氩弧焊

1. 氩弧焊的焊接过程

氩弧焊是以氩气作为保护气体的一种气体保护焊接方法。氩气是一种惰性气体,高温下,它既不与金属起化学反应,也不溶于金属中。因此,可以避免焊缝金属中的合金元素烧损及由此带来的其他焊接缺陷,使冶金反应变得简单和容易控制,为获得高质量的焊缝提供了良好的条件。

根据所用的电极不同,氩弧焊可分为非熔化极氩弧焊和熔化极氩弧焊两种,如图 4-16 所示。

(1) 非熔化极氩弧焊。非熔化极氩弧焊是以高熔点的钨棒作为电极,故又称为钨极氩弧焊。焊接时钨极不熔化,只作一个电极以产生电弧。填充金属(焊丝)从电弧前方送入,如图 4-16(a)所示。钨极氩弧焊的焊接过程多以手工方式进行,也可以自动进行。

钨极氩弧焊虽然焊接质量高,但由于钨极载流能力有限,焊接时电流不能太大,所以生产率不高。一般只适于焊接厚度为 0.5~4mm 的薄板。

(2) 熔化极氩弧焊。熔化极氩弧焊是以连续送进的焊丝作为电极及填充金属,如图 4-16(b)所示。由于不存在钨极熔化问题,可以采用高密度电流,因而母材熔深大,填充金属熔敷速度快,焊接厚板时生产率高,变形小。所以,熔化极氩弧焊适于焊接厚度为 3mm以上,25mm 以下的中、厚板。熔化极氩弧焊一般采用直流反接,阳极(焊丝)产热量大、工件熔深大,提高生产率。熔化极氩弧焊可以以自动或半自动方式进行。

2. 氩弧焊的特点和应用

氩弧焊有如下优点:

(1) 保护效果好。氩气密度比空气大(比空气重 25%),不易漂浮散失,有利于保护作用。另外,氩气是一种惰性气体,焊接时既不与金属起化学反应,又不溶于金属,可焊接各种金属,特别适用于焊接化学性质活泼的金属及其合金。

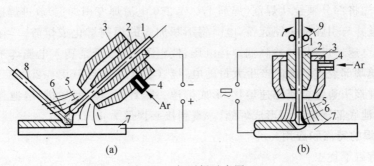

图 4-16　氩弧焊示意图

（a）非熔化极氩弧焊；（b）熔化极氩弧焊

1—焊丝或电极；2—导电嘴；3—喷嘴；4—进气管；5—氩气流；6—电弧；7—工件；8—填充焊丝；9—送丝滚轮

（2）焊接热影响区和变形小。由于熔化极氩弧焊电弧能量密度大，热量集中，所以热影响区小，焊件变形小。

（3）电弧稳定，飞溅小，焊缝致密，表面无熔渣，成型美观。

（4）操作性能好。明弧焊接，易于观察，可用于全位置焊接，并易于实现机械化、自动化。

但氩弧焊所用设备及控制系统比较复杂，维修困难，氩气价格较贵，焊接成本高。氩弧焊适合于焊接易氧化的非铁金属和合金钢，如铝及铝合金、铜及铜合金、镁及镁合金以及不锈钢等材料。

4.2.5　电渣焊

1. 电渣焊的过程

电渣焊是利用电流通过液态熔渣所产生的电阻热作为热源来熔化金属进行焊接的一种焊接方法。其焊接过程如图 4-17 所示。焊件接头垂直放置（呈立焊缝），中间留有 20～40mm 间隙，两侧装有水冷铜块（强迫成型装置），底部加装引弧板，顶部加装引出板，这样在焊接部位就组成了一个封闭的空间。

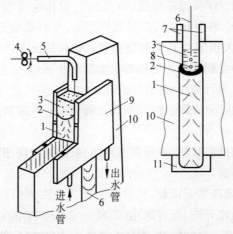

图 4-17　电渣焊焊接过程示意图

1—焊缝；2—熔池；3—渣池；4—送丝轮；5—导电嘴；6—焊丝；

7—引出板；8—熔滴；9—冷却滑块；10—母材；11—引弧板

焊接时,先将部分颗粒状焊剂(焊剂 170 或 360 电渣焊专用焊剂)放进焊接接头间隙中,然后送进焊丝并与引弧板短路起弧,电弧将不断加入的焊剂熔化成熔渣。当熔渣液面升到一定高度时,迅速送进焊丝,并降低焊接电压,使电弧熄灭,于是转入电渣焊过程。此时,焊接电流从焊丝端部经过熔渣时产生大量的电阻热(温度可达到 1600～2000℃),将连续送进的焊丝和焊件接头边缘金属迅速熔化,形成熔池。随着焊丝不断送进,熔池逐渐上升,冷却铜块上移,熔池底部逐渐凝固形成焊缝,一直到接头顶部为止。

2. 电渣焊的特点和应用

电渣焊有以下优点:

(1) 生产率高。任何厚度的焊件都能一次焊成,中、小厚度焊件的长焊缝及环形焊缝采用丝极电渣焊;大截面短焊缝用板极电渣焊;变截面焊缝用熔嘴电渣焊。

(2) 焊接质量好。由于渣池覆盖在熔池上,保护作用良好,熔池冷却缓慢,而且焊缝结晶是自下而上地进行,有利于熔池中气体和杂质逸出。所以电渣焊出现气孔和夹渣等缺陷的可能性小,焊缝成分也比较均匀。

(3) 经济效益好。电渣焊不需开复杂坡口,焊剂消耗量只有埋弧自动焊的 1/15～1/20。厚度越大,效益越好。

电渣焊的主要缺点是:热影响区大,接头处晶粒粗大。因此,一般焊后都要进行热处理,或在焊丝和焊剂中配入钒、钛等合金元素,以细化焊缝组织。

电渣焊主要用于焊接壁厚>40mm 的厚大截面的焊件。它是制造大型铸—焊或锻—焊联合结构的重要工艺方法,因此,广泛用于重型机械、电站、锅炉、造船、石油化工等工业部门。

4.2.6　电阻焊

电阻焊是焊件组合后,通过电极施加电压力,利用电流通过焊件接头的接触面及邻近区域产生的电阻热,将焊件局部加热到塑性或熔融状态,然后在压力下达到原子间的结合,形成焊接接头的焊接方法。

电阻焊的主要特点是:焊接电压很低(1～12V),焊接电流很大(10^3～10^4A),完成一个焊接接头的时间很短(0.01 秒至几秒),焊接变形很小,不需要填充金属,焊接过程易于实现机械化和自动化(如机器人电阻焊),生产率很高;缺点是设备功率大,耗电高,适用的接头形式与焊件厚度(或断面)受到限制。电阻焊主要适用于成批大量生产,目前已在航天、航空领域、汽车工业、家用电器等行业得到广泛应用。

电阻焊按其接头形式可分点焊、缝焊、对焊三种,如图 4-18 所示。

1. 点焊

点焊是将焊件装配成搭接接头,并压紧在两电极之间,加压通电,利用电阻热熔化母材金属形成焊点的电阻焊方法。

点焊时,先加压使两焊件紧密接触,然后通电加热。因为两焊件接触处电阻较大,产生大量电阻热使该处温度迅速升高,金属熔化,形成一定尺寸的熔核。同时熔核周围的金属也被加热产生塑性变形,形成一个塑性环,以防止周围气体对熔核的侵入和溶化金属的流失。断电后,待熔核凝固后,去除压力,于是在两焊件接触处就形成了组织致密的焊点。

点焊接头采用搭接形式。主要适用于焊接厚度 4mm 以下的薄板结构和钢筋构件,还

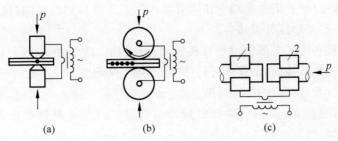

图 4-18   电阻焊示意图

（a）点焊；（b）缝焊；（c）对焊

1—固定电极；2—移动电极

可焊接不锈钢、钛合金和铝镁合金等。目前广泛应用于汽车、飞机等制造业，例如汽车驾驶室、客车厢体、飞机翼尖、翼肋等。

2. 缝焊

缝焊又称滚焊。其焊接过程与点焊相似，只是用旋转的滚动电极代替柱状电极。焊接时，圆盘状滚动电极压紧焊件并旋转（也带动焊件向前移动），当电流断续通过焊件时，便可形成连续重叠的焊点，因此称为缝焊。

缝焊主要用于焊缝较规则、板厚小于 3mm 的密封结构，如油箱、消音器、自行车大梁等。

3. 对焊

对焊是用电阻热将两个对接焊件连接起来。根据焊接工艺的不同，可分为电阻对焊和闪光对焊。

1）电阻对焊

电阻对焊时，将焊件装夹在对焊机的电极钳口中，先施加预压力使两焊件端面压紧，然后通电，利用电流通过焊件和接触端面时产生的电阻热，对接头进行加热。当焊件端面及其附近金属被加热到塑性状态时，断电，同时突然增大压力进行顶锻，使焊件在固态下产生大量塑性变形并在接合面形成共同晶粒，从而形成牢固接头。

电阻对焊操作简单，接头比较光滑，但焊前清理工作要求较严。电阻对焊只适合于焊接截面形状简单、直径小于 20mm 和强度要求不高的焊件。

2）闪光对焊

闪光对焊时，工件在夹具中不紧密接触→通电→接触点受电阻热熔化及气化→液态金属发生爆裂，产生火花与闪光→顶锻、断电→去压，完成焊接。

闪光对焊可进行同种金属焊接，也可以进行异种金属焊接，如钢和铜，铝和铜对接等，常用于锚链、刀具、自行车圈、钢轨等的焊接。

4.2.7 钎焊

钎焊是利用熔点比工件低的钎料作填充金属，适当加热后，钎料熔化而将处于固态的工件连接起来的一种焊接方法。

钎焊的过程是：将表面清洗好的工件以搭接形式（也可以对接）装配在一起，把钎料放在接头间隙附近或接头间隙之间。当工件与钎料被加热到稍高于钎料的熔点温度后，钎料熔化(此时工件末熔化)并借助毛细管作用被吸入到固态工件间隙之间,液态钎料与工件金属相互扩散,冷凝后即形成钎焊接头。

钎焊构件的接头形式大都采用板料搭接和套件镶装,图4-19示出了几种常见的形式。这些接头都有较大的钎接面,以弥补钎料强度的不足,保证接头有一定的承载能力。接头之间应有良好的配合和适当的间隙。间隙太小,会影响钎料的渗入与润湿,不容易全部焊合;间隙太大,不但浪费钎料,而且会降低钎焊接头强度。因此一般钎焊接头间隙为 0.05～0.2mm。

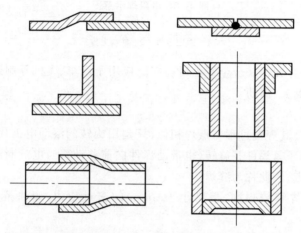

图 4-19　钎焊的接头形式

根据钎料熔点的不同,钎焊可分为硬钎焊与软钎焊两类。

(1)硬钎焊。钎料熔点在450℃以上的钎焊称为硬钎焊。硬钎焊接头强度较高,一般在200MPa以上,主要用于受力较大的钢铁和铜合金构件的焊接以及工具、刀具的焊接。硬钎焊常用的钎料有铜基、银基和镍基等;常用钎剂有硼砂、硼酸、氟化物、氯化物等;常用的加热方法有火焰加热、盐浴加热、电阻加热、高频感应加热等。

(2)软钎焊。钎料熔点在450℃以下的钎焊称为软钎焊。软钎焊接头强度较低,一般不超过70MPa,广泛用于焊接受力不大的常温工作的仪表、导电元件以及钢铁、铜及铜合金等制造的构件。常用的钎料是锡铅合金,所以统称锡焊;常用钎剂有松香、氯化铵溶液等;常用烙铁及其他火焰加热。

与一般熔化焊相比,钎焊具有如下特点:

① 钎焊过程中,工件加热温度较低,因此组织和力学性能变化很小,变形也小。

② 钎焊可以焊接性能差异很大的异种金属,对工件厚度差也没有严格限制。

③ 对工件整体加热钎焊时,可同时钎焊由多条(甚至上千条)接缝组成的复杂形状构件,生产率高。

④ 钎焊设备简单,生产投资费用少。

但钎焊的接头强度较低,尤其动载强度低,允许的工作温度不高,焊前清理要求严格,而且钎料价格较贵。因此,钎焊不适于一般钢结构和重载动载零件的焊接。钎焊主要用于制造精密仪表、电气零部件、异种金属构件以及某些复杂薄板结构,如夹层构件、蜂窝结构等,也常用于钎焊各类导线与硬质合金刀具。

4.3 常用金属材料的焊接

4.3.1 金属材料的焊接性

1. 焊接性的概念

金属材料的焊接性是金属材料对焊接加工的适应性,焊接性是一个相对概念,主要是指被焊材料在采用一定的焊接方法、焊接材料、工艺参数及结构形式的条件下,获得优质焊接接头的难易程度。和金属材料的物理性能和化学性能一样,焊接性是金属材料本身所固有的属性之一。当金属材料用简单的工艺即能获得优质的焊接接头即可认为其焊接性良好;如果需要采用复杂的工艺才能获得优质的焊接接头,其焊接性就不好。

2. 影响焊接性的因素

(1) 焊接方法。虽然焊接性是金属本身的固有属性,但随着焊接技术的发展,金属材料的焊接性也会发生改变。例如,采用手工电弧焊和气焊焊接铝及铝合金,难以获得优质焊接接头,而用氩弧焊焊接铝及铝合金,焊接质量就容易保证,所以,这时也可以认为铝及铝合金的焊接性良好。

(2) 材料因素。材料因素包括母材本身和使用的焊接材料两方面的因素。在焊接时,它们直接参与熔池或熔合区内的冶金过程,所以直接影响焊接质量。若母材和焊接材料选择不当,将造成焊缝金属化学成分不合格,使用性能降低,甚至产生气孔、裂纹等缺陷。

(3) 工艺因素。焊接工艺是指如焊接电流、焊接电压、焊接速度、层数、坡口尺寸、气体流量、极性等;也包括常采取的其他工艺措施,如焊前和焊后热处理等。

(4) 使用条件。焊接结构的使用条件多种多样,如当在腐蚀介质中工作时,接头要具有耐蚀性;在高温工作时,接头要能抵抗高温蠕变;在低温或冲击载荷下工作时,接头的塑韧性要好。总之,使用条件越恶劣,焊接性越不容易保证。

3. 焊接性的评定方法

(1) 间接推算法。这是评价焊接性最简便的方法,这类焊接性评定的方法一般不需要进行焊接试验,只是根据材料的化学成分、金相组织、力学性能之间的关系,联系焊接热循环过程进行推测或评估,从而确定焊接性的优劣以及所需要的焊接条件。主要有碳当量法、焊接裂纹敏感指数法、连续冷却组织转变曲线法、焊接热—应力模拟法、焊接热影响区最高硬度法及断口金相分析法等。

最常用的是碳当量法:将各种合金元素都按相当于若干含碳量折合并叠加起来求得碳当量(CE 或 Ceq)来估计冷裂倾向的大小。CE(或 Ceq)越大,冷裂倾向越大,焊接性越不好;反之亦然。国际焊接学会(IIW)推荐的适合于低碳钢和低合金钢的碳当量公式为

$$CE = C + Mn/6 + (Cr + Mo + V)/5 + (Ni + Cu)/15 \quad (\%)$$

式中,C,Mn,Cr,Mo,V,Ni,Cu 等均表示各自的质量分数。

根据经验:

当 CE<0.4% 时,冷裂倾向不明显,焊接性良好,焊前不必预热;

当 CE=0.4%～0.6% 时,淬硬倾向明显,焊前需要预热,焊后要缓冷,即需要采取一定的工艺措施才能防止冷裂,焊接性较差;

当 CE>0.6%时,淬硬倾向很大,焊前需要预热到较高温度,焊接时要采取减少焊接应力和防止开裂的工艺措施,焊后要进行适当的热处理,才能保证焊接质量,即焊接性很差。

(2)直接模拟类焊接性试验方法和使用性能试验法。这类试验方法需用焊接接头来进行试验。

4.3.2　钢的焊接

1. 碳素钢的焊接

(1)低碳钢的焊接。低碳钢 $w_C \leqslant 0.25\%$,塑性好,淬硬倾向小,对焊接热过程不敏感,焊接性良好。一般情况下,焊接时不需要采取特殊工艺措施,选择任何焊接方法都容易获得优质焊接接头。但在低温环境施焊或者焊接厚大结构时,应适当考虑焊前预热,以防止冷裂。焊后通常不需要热处理(电渣焊除外)。

(2)中碳钢的焊接。中碳钢 $w_C = 0.25\% \sim 0.6\%$,随着含碳量的增加,淬硬倾向逐渐增大,焊接性变差。

中碳钢焊接时的主要问题是焊缝容易形成气孔,焊缝及热影响区易产生裂纹等。

焊接时,应采取焊前预热、焊后缓冷等措施以减小淬硬倾向,减小焊接应力。接头处开坡口进行多层焊,采用细焊条小电流,可以减少母材金属的容入量,降低裂纹倾向。

(3)高碳钢的焊接。高碳钢 $w_C > 0.6\%$,焊接性能更差,需采用更高的预热温度、更严格的工艺措施来保护。高碳钢通常不用于做焊接结构,主要用来修复损坏的机件。大多是用手工电弧焊或气焊来补焊修理一些损坏件。焊接时,应注意焊前预热和焊后缓冷。

2. 低合金高强度结构钢的焊接

低合金高强度结构钢在压力容器、车辆、桥梁、船舶的制造方面有广泛的应用。焊接时主要问题是焊接接头的热影响区淬硬倾向和冷裂纹倾向问题。

对于 $\sigma_b < 400\text{MPa}$ 的低合金高强度结构钢,在常温下焊接时,不用复杂的工艺措施,便可获得优质的焊接接头。但随着强度级别的提高,焊接性会越来越差,为获得优质的焊接接头,要采取一些工艺措施,如焊前预热(预热温度150℃左右)可以降低冷却速度,避免出现淬硬组织;适当调节焊接工艺参数,可以控制热影响区的冷却速度,保证焊接接头获得优良性能;焊后热处理能消除残余应力,避免冷裂等。

4.3.3　铸铁的焊补

铸铁是机械制造中使用非常广的材料。铸铁件的铸造缺陷及在使用过程中的局部损坏,均需要焊接方法修复,因而铸铁的焊补在生产中具有很重要的经济意义。

1. 铸铁的焊接性分析

铸铁含碳量高及硫、磷杂质含量高,这就增大了焊接接头对冷却速度变化的敏感性及对冷、热裂纹敏感性;其力学性能是强度低、基本无塑性,因此焊接性差,主要体现在以下方面。

(1)焊接接头容易出现白口及淬硬组织。焊补时当焊缝的化学成分与铸铁成分相同时,由于接头的冷却速度远远大于铸件在砂型中的冷却速度,不利于石墨析出,形成白口及淬硬组织。

(2)容易产生裂纹。铸铁强度低、塑性差,当焊接应力达到强度极限时就会产生裂纹其至断裂。

(3) 容易产生气孔。由于铸铁固、液相线比较接近,凝固较快,冶金反应产生的气体及进入熔池的气体来不及逸出容易产生气孔。

2. 铸铁的焊补方法

铸铁焊补通常采用气焊或手弧焊,根据焊前是否预热,焊补工艺分为热焊和冷焊两种。

(1) 热焊法。焊前将工件全部或局部预热到 600～700℃,焊接过程中保持预热温度,焊后缓冷。热焊法有利于避免白口,减少应力,防止裂纹,焊补质量高,焊后可以机械加工。但成本高,工艺复杂,生产周期长,劳动条件差。只有在刚性较大、结构复杂、冷焊容易开裂时才采用热焊法。

热焊法可采用气焊和手工电弧焊。气焊热焊时,采用专用的铸铁焊芯作为填充金属,配用气焊焊剂(CJ201 或硼砂)。手工电弧焊热焊时,采用铸铁芯铸铁焊条(Z248)或钢芯石墨焊条(Z208)。

热焊法一般用于小型、中等厚度(>10mm)的铸铁件和焊后需要加工的复杂、重要的铸铁零件,如机床导轨和汽车的气缸等。

(2) 冷焊法。焊前不预热或只进行 400℃ 以下预热,焊接过程也不辅助预热。主要依靠调整焊缝的化学成分或采用适当的工艺措施避免白口和裂纹。冷焊法成本低,生产率高,劳动条件好,但工件常常因受热不均,出现较大的内应力。冷焊法采用手工电弧焊进行,常用焊条有铜基铸铁焊条、高钒铸铁焊条、钢芯铸铁焊条、镍基铸铁焊条。

4.3.4　非铁金属及其合金的焊接

1. 铝及铝合金的焊接

1) 铝及铝合金的焊接性分析

用于制造焊接结构的铝及铝合金,主要是工业纯铝、防锈铝合金、不能热处理强化铝合金(Al-Si、Al-Mg 等)和能热处理强化铝合金(Al-Cu-Mg、Al-Zn-Mg 等)。铝及铝合金的焊接性比较差,焊接比较困难,其主要原因如下:

(1) 易氧化。铝和氧的亲和力很大,极易氧化形成氧化铝(Al_2O_3)薄膜(厚度为 0.1～0.2μm)。其熔点为 2050℃,组织致密,在 700℃ 左右仍覆盖于金属表面,严重阻碍母材的熔化与熔合,而且氧化铝密度大,不易浮出熔池而形成焊缝夹杂。

(2) 要求能量密度大的焊接热源。这是由于铝的导热系数为钢的 4 倍,焊接时热量散失快。

(3) 易形成气孔。液态铝能溶解大量的氢,而固态铝则几乎不溶解氢。因此,熔池结晶时,溶于液态铝的氢几乎要全部析出,形成气泡。由于焊接时熔池冷却、结晶速度比较快,气泡在结晶过程中来不及逸出熔池表面,故易产生气孔。

(4) 易产生热裂纹。高温时,铝的强度低、塑性差、热膨胀系数大,从而造成较大的焊接应力。另外,铝合金属于典型的共晶型合金,易形成易熔共晶,在焊接应力的作用下易产生热裂纹。

(5) 易焊穿。铝及铝合金由固态加热到液态时没有颜色的变化,不容易观察熔池的形态,使操作复杂,容易焊穿。

2) 铝及铝合金的焊接方法和工艺

焊接铝及铝合金常用的焊接方法有氩弧焊、气焊、电阻焊和钎焊等。常用的焊接方法特点及应用范围见表 4-6。

表 4-6　铝及合金常用焊接方法的特点及应用范围

焊接方法	不同焊接方法特点	适用范围
气焊	氧乙炔火焰温度低,热量分散,热影响区及工件变形大	用于厚度 0.5~10mm 的不重要结构和铸件的焊补
手工电弧焊	电弧稳定性较差,飞溅大,接头质量较差	用于铸件补焊及一般焊件的修复
钨极氩弧焊	电弧热量集中,燃烧稳定,焊缝成型美观,接头质量好	广泛用于厚度 0.25~25mm 的重要结构的焊接
熔化极氩弧焊	电弧功率大,热量集中,工件变形及热影响区小,生产率高	用于 ≥3mm 中厚板的焊接
电子束焊	功率密度大,焊缝深宽比大,热影响区及工件变形小,生产率高,接头质量好	用于厚度 3~75mm 的板材焊接
电阻焊	不需要焊接材料,生产率高	用于厚度 ≤4mm 的薄板的搭接
钎焊	应力及变形小,但接头强度低	用于厚度 ≥1.5mm 薄板的搭接和套接

2. 铜及铜合金的焊接

1) 铜及铜合金的焊接性分析

铜及铜合金采用一般的焊接方法进行焊接时,焊接性能较差,主要问题如下:

(1) 焊缝成型能力差。铜及铜合金的导热系数比碳钢大 7~11 倍,焊接时热量大量散失,使母材与填充金属难以熔合。同时液态铜的表面张力比钢小 1/3,流动性比钢大 1~1.5 倍,成型能力差。

(2) 焊缝热裂倾向大。主要是铜的氧化物(Cu_2O)与铜形成低熔点共晶体在焊缝凝固结晶时产生热裂纹;其次,铜及铜合金中存在着低熔点的铅(Pb)、铋(Bi)等不溶于铜的有害元素,也容易形成 Cu+Pb、Cu+Bi 的低熔点共晶导致热裂纹。

(3) 气孔倾向严重。熔化焊焊接铜及铜合金时,产生气孔的倾向比低碳钢大得多。所形成的气孔几乎可以分布在焊缝中的各个部位。气孔主要是溶解性气体氢直接引起的扩散性气孔和氧化还原反应引起的反应气孔(水蒸气和 CO_2 气孔),其中前者起主要作用。

(4) 接头性能下降。熔化焊时,由于焊缝与热影响区晶粒严重长大以及有用的合金元素的氧化蒸发使接头性能发生很大变化。主要表现在:一是焊缝及热影响区晶粒粗大,各种脆性的低熔点共晶物出现在晶界,使塑性严重下降;二是铜合金的耐蚀性主要是靠锌、锰、镍、铝等合金元素而获得,熔化焊时,这些合金元素的蒸发和烧损使接头的耐蚀性能下降;三是熔化焊时,杂质的溶入使接头的导电性下降。

2) 铜及铜合金的焊接方法和工艺

熔化焊是在铜及铜合金焊接中应用最广、最容易实现的一类工艺方法。除了传统的气焊、手工电弧焊和埋弧焊外,钨极氩弧焊、熔化极气体保护焊、等离子弧焊和电子束焊等一些新的焊接方法也已成功地应用于铜及铜合金的焊接中。选择熔化焊焊接方法的重要依据是材料的厚度。铜及铜合金的导热性好,熔化焊所能提供的热量对材料的厚度很敏感,不同厚度的材料对不同的焊接方法有其适应性。如薄板焊接以钨极氩弧焊、手工电弧焊和气焊为好,中厚板以采用埋弧焊、熔化极气体保护焊和电子束焊较为合理,厚板则建议采用电渣焊。

4.4 焊接结构设计

设计焊接结构时,设计者既要考虑结构强度和工序条件等性能的要求,又要考虑焊接工艺过程的特点,以利于获得优质的焊件并可用简便可靠的工艺进行生产。

4.4.1 焊接结构材料的选择

在满足工作性能要求的前提下,首先应该考虑用焊接性较好的材料来制造焊接结构。一般来说,低碳钢和碳当量<0.4%的低合金钢都具有良好的焊接性,在设计焊接结构时应尽量选用。含碳量>0.5%的碳素钢、碳当量>0.4%的合金钢,焊接性不好,在设计焊接结构时,一般不宜采用;如果必须采用,应在设计和生产工艺中采取必要的措施。

某些低合金钢,焊接性与低碳钢相似,但强度却高得多,应优先选用。这样既可减轻结构质量,节省钢材,又可延长结构的使用寿命。

镇静钢脱氧完全,组织致密,重要的焊接结构应选用这种钢材;沸腾钢含氧较多,焊接时易产生裂纹,厚板焊接时还可能产生层状撕裂,因此,不宜用于制造承受动载荷或低温工作的重要焊接结构。

焊接结构的优点之一是可按工作需要在不同部位选用不同强度和性能的材料拼焊。在锻件、铸件与轧件的复合结构中,必须注意两种材料的焊接性。对于异种金属材料的焊接,更需注意它们的焊接性,有些异种金属几乎不可能用熔化焊方法获得满意的焊接接头,但可以用其他焊接方法焊接。表 4-7 为常用金属对于不同焊接方法的适用性,可供选材时参考。

表 4-7 常用金属材料的焊接性

焊接方法 金属材料	气焊	手弧焊	埋弧焊	CO_2 保护焊	氩弧焊	电子束焊	电渣焊	点焊缝焊	对焊	摩擦焊	钎焊
低碳钢	A	A	A	A	A	A	A	A	A	A	A
碳钢	A	A	B	B	A	A	A	B	A	A	A
低合金钢	B	A	A	A	A	A	A	A	A	A	A
不锈钢	A	A	B	B	A	A	B	A	A	A	A
耐热钢	B	A	B	C	A	A	B	C	B	D	A
铸钢	A	A	A	A	A	A	A	—	B	B	B
铸铁	B	B	C	C	B	—	B	—	D	D	B
铜及铜合金	B	B	C	C	A	B	B	D	D	B	B
铝及铝合金	B	C	C	D	A	A	D	A	A	B	C
钛及钛合金	D	D	D	D	A	A	D	B~C	C	D	B

注:A 为焊接性良好;B 为焊接性较好;C 为焊接性较差;D 为焊接性不好;"—"表示很少采用。

设计焊接结构时,应该尽量采用钢管和型钢(如工字钢、槽钢、角钢等),对于形状复杂的部分,还可以考虑采用冲压件、铸钢件和锻件。这样不仅能减少焊缝数量,简化焊接工艺,而且能够增加结构的强度和刚度。

此外,在设计焊接结构形状、尺寸时,还要注意原材料的尺寸规格,以便下料时减少边角余料损失和减少拼料焊缝数量。

4.4.2　焊接方法的选择

焊接方法的选择,应根据材料的焊接性、焊件厚度、焊缝长短、生产批量及产品质量要求等,并结合各种焊接方法的特点和应用范围考虑决定。考虑原则是:在保证产品质量的前提下,优先选用常用的焊接方法;若生产批量大,还必须考虑提高生产率和降低成本。

低碳钢和低合金高强度结构钢可用各种焊接方法焊接,所以,具体选用哪种方法要根据其他条件确定。若工件板厚为中等板厚(10～20mm),可采用手弧焊、埋弧焊和气体保护焊;氩弧焊成本较高,一般情况下不采用。若工件为长直焊缝或大直径环形焊缝,生产批量也较大,可选用埋弧自动焊。若工件为单件生产或焊缝短而且处于不同空间位置,则用手工电弧焊为好。若工件是薄板轻型结构,无密封性要求,则采用点焊生产率较高;如有密封性要求,可采用缝焊。若工件为 35mm 以上厚板重要结构,可考虑采用电渣焊。

高合金钢、不锈钢或铜及铜合金可用手工电弧焊,若质量要求较高可采用氩弧焊。铝及铝合金应采用氩弧焊,质量要求不高或无氩弧焊设备时,可采用气焊。

铜与铝异种金属焊接时可采用压力焊;薄板或细丝也可以采用钎焊。

铝与钢焊接只能用压力焊;若为棒料或丝材,摩擦焊是较为理想的焊接方法。

另外,选择焊接方法时,还应考虑现场设备条件,从现场条件许可的范围内选择焊接方法。各种熔化焊焊接方法特点及应用见表 4-8。

表 4-8　各种熔化焊接方法特点及应用

焊 接 方 法	热影响区大小	变 形 大 小	生 产 率	适焊位置	适用板厚/mm
气焊	大	大	低	全	0.5～3
手工电弧焊	较小	较小	较低	全	可焊 1 以上,常用 3～20
埋弧焊	小	小	高	平	常用 6～60
氩弧焊	小	小	较高	全	0.5～25
CO_2 保护焊	小	小	较高	全	0.8～30
电渣焊	大	大	高	立	常用 35 以上

4.4.3　焊接接头工艺设计

1. 焊接结构、焊缝位置的设计原则

焊接结构、焊缝位置设计要从焊接结构形状、接头形式等方面综合考虑,以达到优质、高产、成本低的要求。设计焊接结构时,应充分考虑焊接过程工艺性要求,使焊缝布置合理,结构强度高,应力变形小,制造方便。假如施焊困难,不仅要增加焊接费用,而且难以保证焊接质量。表 4-9 列举了设计焊接结构时应考虑的一般原则。

表 4-9 设计焊接结构、焊缝位置的一般原则

设 计 原 则	不合理的设计	合理的设计
焊缝位置应便于操作	(1) 手弧焊要考虑焊条操作空间		
	(2) 自动焊应考虑接头处便于存放焊剂		
	(3) 点焊或缝焊应考虑电极伸入方便		
焊缝位置布置应有利于减少应力与变形	(1) 焊缝应避免过分密集或交叉		
	(2) 尽量减少焊缝数量(适当采用型钢和冲压件)		
	(3) 焊缝应尽量对称布置		
	(4) 焊缝端部的锐角处应去掉		
	(5) 焊缝应尽量避开最大应力或应力集中处		
	(6) 不同厚度焊接时,接头处应平滑过渡		
	(7) 焊缝应避开加工表面		

此外,在实际生产中,一条焊缝可以在空间不同的位置施焊,按焊缝在空间所处的位置不同,可分为平焊、立焊、横焊和仰焊四种,如图 4-20 所示。其中施焊操作最方便、焊接质量最容易保证的是平焊缝,因此在布置焊缝时应尽量使焊缝能在水平位置进行焊接。

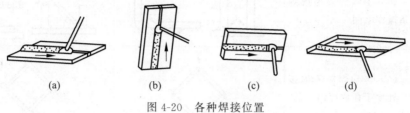

图 4-20　各种焊接位置

(a) 平焊;(b) 立焊;(c) 横焊;(d) 仰焊

2. 焊接接头形式和坡口形式的选择

焊接接头形式主要根据结构形状、使用要求和焊接生产工艺而定,并应考虑保证焊接质量和尽可能降低成本。根据 GB/T3375—1994《焊接术语》规定,手工电弧焊焊接碳钢和低合金钢的基本焊接接头形式有对接接头、角接接头、T 形接头和搭接接头四种。

对接接头受力比较均匀,接头质量容易保证,各种重要的受力焊缝应尽量选用对接接头。搭接接头因工件不在同一平面,受力时焊缝处易产生应力集中和附加弯曲应力,降低了接头强度,而且金属消耗量大,一般应避免采用。但搭接接头不需要开坡口,对焊前准备和装配尺寸要求不高,在桥梁、房架等常常采用。角接接头与 T 形接头受力情况比较复杂,承载能力比对接接头低,当接头成直角或一定角度时常被采用。

由于焊接的结构形状、厚度及使用条件不同,所以其接头和坡口形式也不同。坡口形式的选择主要根据板厚和采用的焊接方法确定,且要兼顾焊接工作量大小、焊接材料消耗、坡口加工难易程度和焊接施工条件等。例如当焊件厚度在 6mm 以下时,对接接头可以不开坡口;当焊件较厚时,为了保证焊透,则要开坡口。常见的焊接接头形式和坡口形式如图 4-21 所示。

4.4.4　焊接接头的主要缺陷及检验

1. 常见焊接缺陷

在焊接过程中,由于设计、工艺、操作不当等原因,往往会产生这样或那样的缺陷。常见的焊接缺陷有以下几个方面。

(1) 焊接裂纹。在焊接应力、低熔点共晶或其他致脆因素的共同作用下,焊接接头局部地区的金属原子结合力遭到破坏而形成的新界面所产生的缝隙叫焊接裂纹。它具有尖锐的缺口和大的长宽比特征。根据产生的温度区间和特征,焊接裂纹分为热裂纹、冷裂纹、再热裂纹和层状撕裂。裂纹是最严重的一种缺陷。

(2) 气孔。焊接时,熔池中的气泡在熔池凝固时未能逸出,残存下来形成的空穴叫气孔。常见的气孔有氢气孔、氮气孔和一氧化碳气孔。

(3) 夹渣。焊后残留在焊缝中的熔渣叫夹渣。焊接过程中,电流太小、焊接速度过快、多层焊时层间清渣不彻底等都可能造成夹渣。

(4) 咬边。由于焊接参数选择不当,或操作不当,沿焊趾的母材部位烧熔成的沟槽或凹陷叫咬边(见图 4-22)。

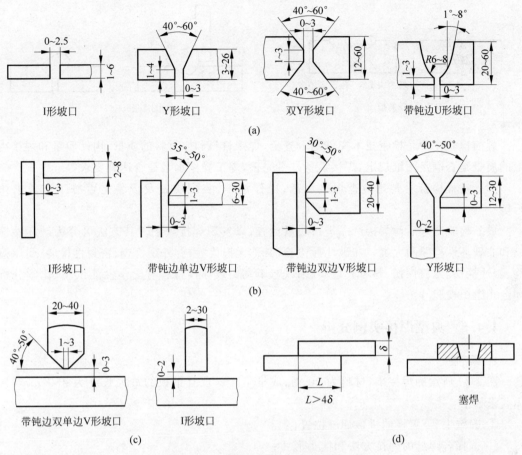

图 4-21　焊接接头形式和坡口形式

（a）对接接头；（b）角接接头；（c）T形接头；（d）搭接接头

（5）未焊透。焊接时接头根部未完全熔透的现象叫未焊透（见图 4-23）。

（6）未熔合。熔焊时，焊道与母材之间或焊道与焊道之间，未完全熔化结合的部分叫未熔合（见图 4-24）。

（7）焊瘤。焊接过程中，熔化金属流淌到焊缝以外未熔化的母材上，所形成的金属瘤叫焊瘤（见图 4-25）。

（8）烧穿。焊接过程中，熔化金属自坡口背面流出，形成穿孔的缺陷叫烧穿。

2. 焊接质量检验

焊接质量检验是保证和提高焊件质量的重要措施。焊接检验包括焊前检验、焊接过程检验和成品检验。

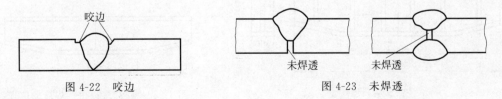

图 4-22　咬边　　　　　　　　　　　　　　　　图 4-23　未焊透

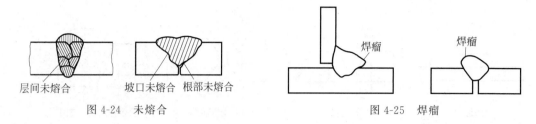

层间未熔合   坡口未熔合 根部未熔合

图 4-24   未熔合

焊瘤   焊瘤

图 4-25   焊瘤

焊前检验主要是检查技术文件是否齐全,焊接材料和原材料的质量、构件质量和焊接边缘的质量是否满足图纸规定,焊接设备是否完善,焊工操作水平是否达到要求等。

焊接过程检验主要是检查焊接规范、操作过程、装配质量及设备是否按工艺要求执行等。

成品检验是焊后对焊接产品进行质量检查,以发现焊接缺陷。其方法可分为破坏性检验和非破坏性检验两大类。非破坏性检验(又称无损检验)有外观检查、密封性检验、耐压检验、渗透探伤、磁粉探伤、超声波检验、射线检验等;破坏性检验有力学性能试验、化学分析和金相组织检验等。

4.4.5   典型焊接实例分析

1. 梁、柱

图 4-26 所示的焊接梁,材料为 20 钢,成批生产。现有钢板的最大长度为 2500mm,具体要求如下:

① 确定上、下翼板的拼接焊缝位置;

② 选择各焊缝的焊接方法和接头形式;

③ 制定梁的焊接工艺和焊接顺序。

工艺设计要点如下。

(1) 翼板、腹板的拼接焊缝位置。首先分析图 4-26 所示梁承受载荷时的受力情况。梁受载后,上翼板内受压应力作用,下翼板内受拉应力作用,且中部承受拉应力最大。腹板受力较小。因此,对于上翼板和腹板,从使用要求看,焊缝位置可以任意安排。考虑到充分利用材料原长和减少焊缝数量,上翼板和腹板都采用两块 2500mm 的钢板拼接,即焊缝在梁的中部。对于下翼板,考虑到结构工艺性,焊缝应避开拉应力最大的位置,所以应采用三块板拼接。为了充分利用原材料长度,下翼板采用焊缝距离为 2500mm 的对称布置方案。

根据以上分析,翼板和腹板的拼接焊缝位置如图 4-27 所示。

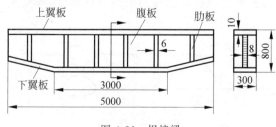

上翼板   腹板   肋板

下翼板

3000

5000

6

10

8

800

300

图 4-26   焊接梁

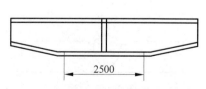

2500

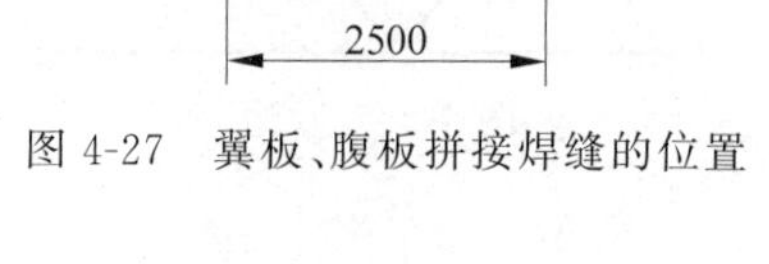

图 4-27   翼板、腹板拼接焊缝的位置

（2）各焊缝的焊接方法及接头形式。根据焊件厚度、结构形状及尺寸，可供选择的焊接方法有手工电弧焊、CO_2 气体保护焊和埋弧自动焊。因为是批量生产，所以应尽可能采用埋弧自动焊。对于不便于采用埋弧自动焊的焊缝和没有埋弧自动焊设备的情况，可采用手工电弧焊或 CO_2 气体保护焊。

各焊缝的焊接方法及接头形式见表 4-10。

表 4-10　各焊缝的焊接方法及接头形式

焊 缝 名 称	焊 接 方 法	接 头 形 式
拼板焊缝	手工电弧焊或 CO_2 焊	10
翼板—腹板焊缝	（1）埋弧自动焊； （2）手工电弧焊或 CO_2 焊	8　10
筋板焊缝	手工电弧焊或 CO_2 焊	6　10

（3）焊接工艺和焊接顺序。焊接过程是：拼板→装焊翼板和腹板→装配筋板→焊接筋板翼板和腹板，如图 4-28 所示。图 4-28（a）所示的焊接顺序是对称焊，这样可以减少由纵向收缩引起的弯曲变形；按图 4-28（b）所示的焊接顺序焊接，将引起较大的弯曲变形。

筋板的焊接顺序为：先焊腹板上的焊缝，由于焊缝对称可使变形最小；再焊下翼板上的焊缝；最后焊上翼板上的焊缝。这样可以使梁适当上翘，增加梁的承载能力。每组焊缝焊接时，都应从中部向两端焊，以减少焊接应力和变形。

2. 液化气钢瓶

图 4-29 所示的液化气钢瓶材料为 20 钢（或 16Mn），壁厚为 3mm，主要组成为瓶体、瓶嘴，生产类型为大批量生产。

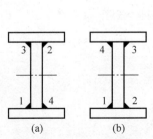

图 4-28 工字梁的焊接顺序

（a）合理；（b）不合理

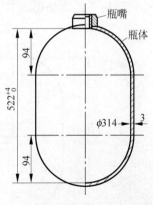

图 4-29 液化气钢瓶

工艺设计要点是瓶体要耐压,必须绝对安全;材料的焊接性方面不存在问题,关键技术是结构的成型和焊接。

(1) 确定焊缝位置。瓶体焊缝布置有两个方案可供选择,如图 4-30 所示。方案(a)共有三条焊缝:两条环形焊缝和一条轴向焊缝,方案(b)只有一条环形焊缝。方案(a)的优点是上下封头的拉伸变形小,容易成型;缺点是焊缝多,工作量大。方案(b)只在中部有一条环缝,完全避免了方案(a)的缺点,因此选用方案(b)。

(2) 焊接接头设计。连接瓶体与瓶嘴的焊缝,采用不开坡口的角焊缝。而瓶体主环缝的接头形式,宜采用衬环对接或缩口对接(V 形坡口),如图 4-31 所示。

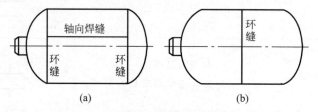

图 4-30　瓶体焊缝布置方案

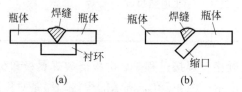

图 4-31　气瓶环缝的接头形式
(a) 衬环接头；(b) 缩口接头

(3) 焊接方法和焊接材料的选择。瓶体的焊接采用生产率高、焊接质量稳定的埋弧自动焊,焊接材料采用 H08A、H08MnA 等,配合 HJ431。瓶嘴的焊接因焊缝直径小,用手工电弧焊焊接。焊条采用 E4303(20 钢)或 E5015(16Mn)。

(4) 主要工艺过程:落料→拉深→再结晶退火→冲孔→除锈→装焊衬环、瓶嘴→装配上、下封头→焊主环缝→正火→水压试验→气密试验。

(5) 瓶体焊接结构工艺图如图 4-32 所示。

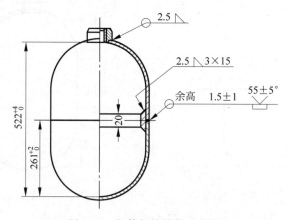

图 4-32　瓶体焊接结构工艺图

4.5　焊接新技术

目前已经应用的焊接方法有几十种之多,除了传统的电弧焊方法,又出现了电子束焊接、激光焊接、摩擦搅拌焊接、超声波焊接、串联 MAG 焊接、混合激光 MAG/MIG 焊接、磁脉冲焊接等多种新的焊接方法。目前焊接技术朝着"优质、高效、节能、节材、成套和自动化"的方向发展。下面简单介绍三种焊接新技术。

4.5.1　电子束焊接技术

电子束焊是将高能电子束作为加工热源,用高能量密度的电子束轰击焊件接头处的金属,使其快速熔融,然后迅速冷却来达到焊接的目的。由电子枪产生的电子束在轰击工件时,使动能转变为热能,成为焊接的热源,一般的电子枪是由阴极、阳极和聚束极组成的。当阴极被加热后,在电场的作用下,阴极表面由于热发射效应会发射电子,这些电子连续不断地飞向工件,当这些电子束汇聚起来时,能量密度很高,可以达到熔化焊接金属的目的。

电子束焊接技术相比于传统的焊接工艺而言,有很多无可比拟的优势。第一,电子束焊接的能量密度很高,效率很高。对于钨、钼等高熔点的材料都能够快速熔化,而且对于大厚度工件,电子束的深穿透性对于提高焊接的效率发挥了很重要的作用。第二,工件的变形小,热影响区小。由于电子束焊接的焊接速度快,能够形成一个深而窄的焊缝,工件得到的热量小,所以工件的变形小。第三,可焊接的材料和零件很多。电子束焊接可对于陶瓷、石英玻璃以及超导材料、热敏材料、难熔的金属等进行焊接,还可以对某些特殊结构和精细零件进行焊接。第四,电子束焊接是在真空中进行的,可以避免有害气体的侵入和材料的氧化。

电子束的应用非常广泛。大厚度、大型工件的焊缝,如飞机的起落架等都采用电子束焊接技术;在汽车的制造领域,如汽车的齿轮组合体、后桥、传动箱体的焊接等也采用电子束焊接技术。另外,这项技术在汽轮机叶片、电站锅炉、发动机等方面也有很大的发展。

4.5.2　激光焊接技术

激光焊接技术就是利用激光的辐射产生的热量来加热工件表面,这些热量通过热传导向工件内部扩散,形成特定的熔池,然后迅速冷却达到焊接的目的。激光焊接是一种以激光作为热源而进行的焊接,通过用抛物面镜或凸透镜聚光的激光可以得到高功率密度的热源,这样的焊接得到的焊缝熔深很大。当激光焊接使工件表面温度迅速上升后,又迅速冷却,就可以进行熔融或非熔融表面的处理。

激光焊接比其他的传统焊接技术速度更快、深度更大、变形较小,并且在特殊的环境下也能够进行焊接。但是它的要求较高,光束的位置在工件上不能有太大的偏移,另外,激光焊接系统的成本较高。

目前,激光焊接的应用领域不断扩大,涉及制造业、汽车工业、电子工业、生物业、航空航天业和造船工业等。激光焊接在汽车领域的发展很快,逐步应用到半轴、传动轴、散热器等汽车部件的制造。

4.5.3 搅拌摩擦焊接技术

搅拌摩擦焊是利用高速旋转的搅拌头和封肩与金属摩擦生热使金属处于塑性状态,随着搅拌头向前移动,金属向搅拌头后方流动形成致密焊缝的一种固相焊方法。其实质是用一个带有搅拌针和轴肩的特殊的搅拌头来进行焊接,将搅拌针插入焊缝,摩擦加热被焊金属,使金属的温度升高,成为塑性状态,同时搅拌金属形成一个旋转空洞,当旋转空洞随着搅拌针前移时,热塑性的金属不断地流向后方,冷却后形成致密焊缝。

搅拌摩擦焊相比于其他的焊接技术而言,其优点很突出。第一,焊接质量高。由于是固态连接,没有粗大的凝固组织和焊接缺陷,热变形小,可以实现大型结构的精密焊接。第二,耗能低,节能效果显著,没有污染,没有烟尘、飞溅以及强烈的辐射等。第三,成本低,摩擦焊接新技术不需要焊条、焊丝、焊药以及保护气体,还可实现水下焊接。第四,自动化程度高。这种焊接技术不需要进行等级培训,操作过程简便,容易实现自动化。

搅拌摩擦焊接的应用非常广泛,已经在航空、航天、造船、建筑、交通领域得到了充分的应用。在船舶制造上,可以用来焊接甲板、船头等零部件。在航空领域可以用来焊接机翼、机身以及飞机油箱等。另外,在其他方面,这种焊接技术也发挥了很大的作用,高速列车、汽车底盘的车身支架、热交换器、发动机壳体都可用搅拌摩擦焊来进行焊接。

复习思考题

1. 解释下列名词:焊接;焊接电弧;熔合区;焊接热影响区;焊接应力;金属焊接性;碳当量。

2. 何谓焊接热影响区? 低碳钢焊接时热影响区是怎样分区的? 各区组织性能如何? 对焊接接头性能有何影响? 如果钢板在焊前经过冷轧,且变形程度较大,焊接热影响区是否有差异?

3. 分析焊接应力与变形产生的原因,并定性说明焊接应力的一般分布规律。

4. 说明防止或减小焊接应力和变形的措施。

5. 焊接变形的基本形式有哪些?

6. 熔化焊、压力焊和钎焊是怎样分类的?

7. 手工电弧焊有何特点? 手工电弧焊焊条是怎样分类的? 试举出两种常用的结构钢焊条的牌号。

8. 埋弧焊有何特点? 说明埋弧焊的焊接过程。

9. 二氧化碳气体保护焊有何特点?

10. 氩弧焊有何特点? 试比较熔化极氩弧焊和钨极氩弧焊各自的特点和应用。

11. 埋弧焊和电渣焊的焊接过程有何区别? 各适用于什么场合?

12. 什么是硬钎焊? 什么是软钎焊? 钎焊和熔化焊有何本质的区别?

13. 什么是电阻焊? 电阻焊分为哪几类? 各适用于什么场合?

14. 什么是金属的焊接性? 影响金属焊接性的因素有哪些?

15. 随着钢中含碳量的增加,焊接性有何变化? 应从焊接工艺方面采取哪些措施才能获得优质的接头?

16. 铸铁焊补时容易产生哪些焊接性问题？从焊接材料的选择到焊接工艺的制订等方面可采取哪些措施？

17. 铝及铝合金焊接时容易出现哪些问题？用于焊接铝及铝合金的焊接方法有哪些？

18. 常见的焊接缺陷有哪些？什么缺陷危害性最大？

19. 图 4-33 所示焊接结构在焊接时可能产生哪些焊接变形？其中哪种变形最严重？为使焊接变形最小，试确定合理的焊接顺序。

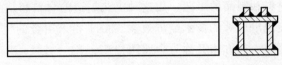

图 4-33　焊接结构

20. 制造如图 4-34 所示的卧式储罐 5 台，材料为 Q345，罐体用尺寸为 16mm×1500mm×6000mm 的钢板制造。要求：

（1）确定罐体焊缝位置；

（2）列表表示各焊缝的焊接方法、焊接材料、接头形式、坡口形式；

（3）分析是否需要采取特殊工艺措施。

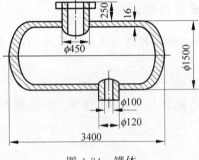

图 4-34　罐体

21. 设计焊接件时，焊缝布置应遵循哪些原则？

22. 试分析下述场合最适宜采用何种焊接方法？并简述理由。

（1）大型输油、输气管道用钢管的厂内制造；

（2）铝合金薄板部件的焊接；

（3）低碳钢桁架结构，如厂房屋架；

（4）供水管道维修。

23. 电子束焊有何特点？主要应用在哪些方面？

24. 激光焊接技术有何特点？主要应用在哪些方面？

25. 搅拌摩擦焊有何特点？主要应用在哪些方面？

第5章 粉末冶金成型

粉末冶金成型是一种研究制造各种金属粉末和以粉末为原料通过成型、烧结和必要的后续处理,制取金属材料和制品的工艺。用这种工艺制造的材料和制品,或者具有优异的组织结构和性能,或者表现出显著的技术经济效益。由于粉末冶金的生产工艺与陶瓷的生产工艺在形式上类似,这种工艺方法又称为金属陶瓷法。

现代粉末冶金成型工艺的发展已经远远超出传统的范畴且日趋多样化。例如,在成型方法方面出现了同时实现粉末压制和烧结的热压及热等静压法、粉末轧制法、粉末锻造法等;在后处理方法方面出现了多孔烧结制品的浸渍处理、熔渗处理、精整或少量切削加工处理、热处理等。粉末冶金成型工艺的研究已成为当今世界各工业发达国家都十分重视的课题。

5.1 粉末冶金成型基础

5.1.1 粉末的化学成分及性能

尺寸小于1mm的离散颗粒的集合体通常称为粉末,其计量单位一般是微米(μm)或纳米(nm)。

1. 粉末的化学成分

常用的金属粉末有铁、铜、铝等及其合金的粉末,要求其杂质和气体含量不超过1%~2%,否则会影响制品的质量。

2. 粉末的物理性能

(1)粒度及粒度分布:粉料中能分开并独立存在的最小实体为单颗粒。实际的粉末往往是团聚了的颗粒,即二次颗粒。实际的粉末颗粒体中不同尺寸所占的百分比即为粒度分布。

(2)颗粒形状:即粉末颗粒的外观几何形状。常见的有球状、柱状、针状、板状和片状等,可以通过显微镜的观察确定。

(3)比表面积:即单位质量粉末的总表面积,可通过实际测定。比表面积大小影响粉末的表面能、表面吸附及凝聚等表面特性。

3. 粉末的工艺性能

粉末的工艺性能包括填充特性、流动性、压缩性及成型性等。

(1)填充特性:指在没有外界条件下,粉末自由堆积时的松紧程度。常以松装密度或堆积密度表示。粉末的填充特性与颗粒的大小、形状及表面性质有关。

(2)流动性:指粉末的流动能力,常用50g粉末从标准漏斗流出所需的时间表示。流动性受颗粒黏附作用的影响。

(3)压缩性:表示粉末在压制过程中被压紧的能力,用规定的单位压力下所达到的压坯密度表示,在标准模具中规定的润滑条件下测定。影响粉末压缩性的因素有颗粒的塑性或显微硬度,塑性金属粉末比硬、脆材料的压缩性好;颗粒的形状和结构也影响粉末的压缩性。

（4）成型性：指粉末压制后，压坯保持既定形状的能力，用粉末能够成型的最小单位压制压力表示，或用压坯的强度来衡量。成型性受颗粒形状和结构的影响。

5.1.2　粉末冶金成型特点

粉末冶金成型具有以下特点：

（1）可以制出组元彼此不熔合，且比重、熔点十分悬殊的金属所组成的"伪合金"（如钨—铜的电触点材料），也可生产出不能构成合金的金属与非金属的复合材料（如铁、氧化铝、石棉粉末制成的摩擦材料）。

（2）能制出难熔合金（如钨—钼合金）或难熔金属及其碳化物的粉末制品（如硬质合金等），金属或非金属氧化物、氮化物、硼化物的粉末制品（如金属陶瓷）。它们用一般熔炼与铸造方法很难生产。

（3）由于烧结时主要组元没有熔化，通常又都在还原性气氛或真空中进行，没有氧化烧损，也不带入杂质，因而能准确控制成分及性能。

（4）可直接制出质量均匀的多孔性制品，如含油轴承、过滤元件。

（5）能直接制出尺寸准确、表面光洁的零件，一般可省去或大大减少切削加工工时，因而制造成本可显著降低。

这种方法也有一些缺陷：

（1）由于粉末冶金制品内部总有空隙，因此普通粉末冶金制品的强度比同样成分的锻件或铸件低 20%～30%。

（2）成型过程中粉末的流动性远不如液态金属，因此对产品形状有一定限制。

（3）压制成型所需的压强高，因而制品的重量受限制，一般小于 10kg。

（4）压模成本高，只适用于成批或大量生产的零件。

5.1.3　粉末冶金成型应用

（1）机械零件类。可以采用粉末冶金方法制造的机器零件很多，如铁基或铜基的含油轴承；铁基粉末冶金的齿轮、凸轮、滚轮、链轮、枪机、模具；铜基或铁基加上石墨、二硫化钼、氧化硅、石棉粉末制成的摩擦离合器、刹车片等。

（2）工具类。如碳化钨与金属钴粉末制成的硬质合金刀具、模具、量具；用氧化铝、氮化硼、氮化硅等与合金粉末制成的金属陶瓷刀具；用人造金刚石与合金粉末制成的金刚石工具等。

（3）其他方面。这种方法还广泛用于制造一些具有特殊性能的元件，如铁镍钴永磁体；接触器或继电器上铜钨、银钨触点；一些耐高温的火箭、宇航与核工业零件。

5.2　粉末冶金工艺

粉末冶金制品的工艺过程包括粉末的制备和预处理、成型、烧结与后处理等工序。

5.2.1　粉末的制备

机械行业所用的粉末一般由专门生产粉末的工厂按规格要求供应。粉末越细，同样质量粉末的表面积就越大,表面能也越大,烧结之后制品的密度与力学性能也越高,但成本也越高。制备方法决定粉末的颗粒大小、形状、松装密度、化学成分、压制性、烧结性等。

金属粉末的制备方法分为两大类:机械法和物理化学法。机械法是用机械力将原材料粉碎而化学成分基本不发生变化的工艺过程,包括球磨法、研磨法和雾化法等。物理化学法是借助物理或化学作用,改变物料的化学成分或聚集状态而获取粉末的方法,包括还原法、电解法和热离解法等。

5.2.2　粉末的预处理

粉末的预处理包括粉末退火、分级、混合、制粒等。

1. 退火

粉末的预先退火可以使氧化物还原,降低碳和其他杂质的含量,提高粉末的纯度;同时,还能消除粉末的加工硬化、稳定粉末的晶体结构。退火温度根据金属粉末的种类而不同,通常为金属熔点的 0.5～0.6 倍。通常,电解铜粉的退火温度约为 300℃,电解铁粉或电解镍粉的温度约为 700℃,不能超过 900℃。退火一般用还原性气氛,有时也用真空或惰性气体。

2. 分级

分级是将粉末按粒度大小分成若干级的过程。通过分级,在配料时易于控制粉末的粒度和粒度分布,以适应成型工艺要求,常用标准筛网筛分进行分级。

3. 混合

混合是指将两种或两种以上不同成分的粉末均匀化的过程。混合基本上有两种方法:机械法和化学法,广泛应用的是机械法,将粉末或混合料机械地掺和均匀而不发生化学反应。机械法混料又可分为干混和湿混,铁基等制品生产中广泛采用干混;制备硬质合金混合料则常使用湿混。湿混时常用的液体介质为酒精、汽油、丙酮、水等。化学法混料是将金属或化合物粉末与添加金属的盐溶液均匀混合;或者是各组元全部以某种盐的溶液形式混合,然后经沉淀、干燥和还原等处理而得到均匀分布的混合物。

4. 制粒

制粒是将小颗粒的粉末制成大颗粒或团粒的工序,常用来改善粉末的流动性。常用的制粒设备有振动筛、滚筒制粒机、圆盘制粒机等。

5.2.3　粉末的成型

成型是将粉末转变成具有所需形状的凝聚体的过程。通过成型,松散的粉末被紧实成具有一定形状、尺寸和强度的坯件。常用的成型方法有模压、等静压制、粉末轧制、挤压成型、松装烧结成型、爆炸成型等。

1. 模压

模压即粉末料在压模内压制。室温压制时一般需要约 1 t/cm² 以上的压力,压制压力过大时,影响加压工具,并且有时坯体发生层状裂纹、伤痕和缺陷等。压制压力的最大限度为 12～15 t/cm²。超过极限强度后,粉末颗粒发生粉碎性破坏。

常用的模压方法有单向压制、双向压制、浮动模压制等。

(1) 单向压制。即固定阴模中的粉末在一个运动模冲和一个固定模冲之间进行压制的方法,如图 5-1(a)所示。单向压制模具简单,操作方便,生产效率高,但压制时受摩擦力的影响,制品密度不均匀,适宜压制高度或厚度较小的制品。

(2) 双向压制。阴模中粉末在相向运动的模冲之间进行压制的方法,如图 5-1(b)所示。双向压制比较适宜高度或厚度较大的制品。双向压制压坯的密度较单向压制均匀,但双向同时加压时,压坯厚度的中间部分密度较低。

(3) 浮动压制。浮动阴模中的粉末在一个运动模冲和一个固定模冲之间进行压制,如图 5-1(c)所示。阴模由弹簧支承,处于浮动状态,开始加压时,由于粉末与阴模壁间摩擦力小于弹簧支承力,只有上模冲向下移动;随着压力增大,当二者的摩擦力大于弹簧支承力时,阴模与上模冲一起下行,与下模冲间产生相对移动,使单向压制转变为压坯的双向受压,而且压坯双向不同时受压,这样压坯的密度更均匀。

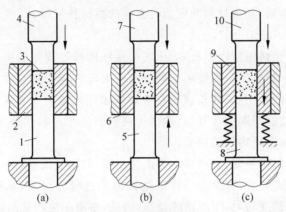

图 5-1　常用的模压方法

(a) 单向压制;(b) 双向压制;(c) 浮动压制

1、8—固定模冲;2、6—固定阴模;3—粉末;4、5、7、10—运动模冲;9—浮动阴模

2. 等静压制

等静压制是压力直接作用在粉末体或弹性模套上,使粉末体在同一时间内各个方向上均衡受压而获得密度分布均匀和强度较高的压坯的过程。按其特性分为冷等静压制和热等静压制两大类。

(1) 冷等静压制:即在室温下等静压制,液体为压力传递媒介。将粉末体装入弹性模具内,置于钢体密封容器内,用高压泵将液体压入容器,利用液体均匀传递压力的特性,使弹性模具内的粉末体均匀受压,如图 5-2 所示。因此,冷等静压制压坯密度高,较均匀,力学性能较好,尺寸大且形状复杂,已用于棒材、管材和大型制品的生产。

(2) 热等静压制:把粉末压坯或装入特制容器内的粉末体置入热等静压机高压容器中,施以高温和高压,使这些粉末体被压制和烧结成致密的零件或材料的过程。在高温下的等静压制,可以激活扩散和蠕变现象的发生,促进粉末的原子扩散和再结晶及以极缓慢的速率进行塑性变形,气体为压力传递媒介。粉末体在等静压高压容器内同一时间经受

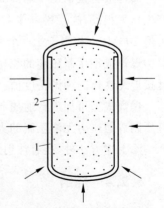

图 5-2　冷等静压制原理

1—软膜;2—粉末

高温和高压的联合作用,强化了压制与烧结过程,制品的压制压力和烧结温度均低于冷等静压制,制品的致密度和强度高,且均匀一致,晶粒细小,力学性能高,消除了材料内部颗粒间的缺陷和孔隙,形状和尺寸不受限制。但热等静压机价格高,投资大。热等静压制已用于粉末高速钢、难熔金属、高温合金和金属陶瓷等制品的生产。

3. 粉末轧制

粉末轧制是将粉末通过漏斗喂入一对旋转轧辊之间使其压实成连续带坯的方法。将金属粉末通过一个特制的漏斗喂入转动的轧辊缝中,可轧出具有一定厚度、长度连续、强度适宜的板带坯料。这些坯体经预烧结、烧结,再轧制加工及热处理等工序,就可制成具有一定孔隙度的、致密的粉末冶金板带材。粉末轧制制品的密度比较高,制品的长度原则上不受限制,轧制制品的厚度和宽度会受到轧辊的限制;成材率高达 80%~90%。粉末轧制适用于生产多孔材料、摩擦材料、复合材料和硬质合金等的板材及带材。

4. 挤压成型

挤压成型是将置于挤压筒内的粉末、压坯或烧结体通过规定的模孔压出。按照挤压条件不同,分为冷挤压和热挤压。冷挤压是把金属粉末与一定量的有机黏结剂混合在较低温度下(40~200℃)挤压成坯块;热挤压是指金属粉末压坯或粉末装入包套内加热到较高温度下挤压,热挤压法能够制取形状复杂、性能优良的制品和材料。挤压成型设备简单,生产率高,可获得长度方向密度均匀的制品。

挤压成型能挤压出壁很薄、直径很小的微型小管,如厚度仅 0.01mm、直径 1mm 的粉末冶金制品;可挤压形状复杂、物理力学性能优良的致密粉末材料,如烧结铝合金及高温合金。挤压制品的横向密度均匀,生产连续性高,因此,多用于生产截面较简单的条、棒和螺旋形条、棒(如麻花钻等)。

5. 松装烧结成型

松装烧结成型是指粉末未经压制而直接进行烧结,如将粉末装入模具中震实,再连同模具一起入炉烧结成型,用于多孔材料的生产;或将粉末均匀松装于芯板上,再连同芯板一起入炉烧结成型,再经复压或轧制达到所需密度,用于制动摩擦片及双金属材料的生产。

6. 爆炸成型

爆炸成型是借助于爆炸波的高能量使粉末固结的成型方法。爆炸成型的特点是爆炸时产生压力很高,施于粉末体上的压力速度极快。如炸药爆炸后,在几微秒内产生的冲击压力可达 106MPa(相当于 10^7 个大气压),比压力机上压制粉末的单位压力要高几百倍至几千倍。爆炸成型压制压坯的相对密度极高,强度极佳。如用炸药爆炸压制电解铁粉,压坯的密度接近纯铁体的理论密度值。

爆炸成型可加工普通压制和烧结工艺难以成型的材料,如难熔金属、高合金材料等,还可压制普通压力无法压制的大型压坯。

除上述方法外,还有注射成型及热等静压制新技术等新的成型方法。

5.2.4　烧结

粉末或压坯的烧结是在烧结炉内进行的。烧结过程中,制品质量受到多种因素的影响,必须合理控制。

1. 连续烧结和间歇烧结

按进料的方式不同,烧结可分为连续烧结和间歇烧结两类。

(1) 连续烧结。烧结炉具有脱蜡、预烧、烧结、制冷各功能区段,烧结时烧结材料连续地或平稳、分段地完成各阶段的烧结。连续烧结生产效率高,适用于大批量生产。常用的进料方式有推杆式、辊道式和网带传送式等。

(2) 间歇烧结。即在炉内分批烧结零件的方式。置于炉内的一批零件是静止不动的,通过对炉温控制进行所需的预热、加热及冷却循环。间歇烧结生产效率较低,适用于单件、小批生产,常用的烧结炉有钟罩式炉、箱式炉等。

2. 固相烧结和液相烧结

按烧结时是否出现液相,可将烧结分为固相烧结和液相烧结两类。

(1) 固相烧结。指粉末或压坯在无液相形成状态下的烧结,烧结温度较低,但烧结速度较慢,制品强度较低。

(2) 液相烧结。指至少具有两种组分的粉末或压坯在形成一种液相的状态下的烧结,烧结速度较快,制品强度较高,用于具有特殊性能的制品,如硬质合金、金属陶瓷等。

3. 影响粉末制品烧结质量因素

粉末制品的烧结质量取决于烧结温度、烧结时间和烧结气氛等因素。

(1) 烧结温度和时间。烧结温度过高或时间过长,会使产品性能下降,甚至出现烧结缺陷。烧结温度过低或时间过短,又会产生欠烧而使产品的性能下降。铁基制品的烧结温度一般为 $1000\sim2000℃$,硬质合金一般为 $1350\sim1550℃$。

(2) 烧结气氛。烧结时通常采用还原性气氛,以防压坯烧损并可使表面氧化物还原。如铁基、铜基制品常采用发生炉煤气或分解氨,硬质合金、不锈钢采用纯氢。对于碱性金属或难熔金属(如铍、钛、锆、钽)、含 TiC 的硬质合金及不锈钢等还可采用真空烧结。真空烧结可避免气氛中有害成分(H_2O、O_2、H_2)等不利影响,且可降低烧结温度(一般可降低 $100\sim150℃$)。

5.2.5　后处理

后处理指压坯烧结后的进一步处理,是否需要后处理需根据产品的具体要求决定。常用的后处理方法有复压、浸渍、热处理、表面处理和切削加工等。

1. 复压

复压即为了提高物理或力学性能对烧结体施加压力的处理,包括精整和整形等。精整是为了达到所需尺寸而进行复压,通过精整模对烧结体施压以提高精度。整形是为了达到特定的表面形貌而进行复压,通过整形模对制品施压以校正变形且降低表面粗糙度。复压适用于要求较高且塑性较好的制品,如铁基、铜基制品。

2. 浸渍

浸渍即用非金属物质(如油、石蜡或树枝)填充烧结体孔隙的方法。常用的浸渍方法有浸油、浸塑料、浸熔融金属等。浸油即浸入润滑油,以改善自润滑性能和防锈,常用于铁、铜基含油轴承。浸塑料常采用聚四氟乙烯分散液,经热固化后,实现无油润滑,常用于金属料减摩零件。浸熔融金属壳提高强度及耐磨性,常采用铁基材料浸铜或铅。

3. 热处理

热处理是对烧结体加热到一定温度,再通过控制冷却方法等处理,以改善制品性能的方法。常用的热处理方法有淬火、化学热处理等,工艺一般同致密材料。对于不受冲击而要求耐磨的铁基制件可采用整体淬火,由于孔隙的存在能减小内应力,一般可以不回火。而要求外硬内韧的铁基制件可采用表面淬火或渗碳淬火。

4. 表面处理

常用的表面处理方法有蒸汽处理、电镀、浸锌等。蒸汽处理是工件在 500~560℃ 的热蒸汽中加热并保持一定时间,使其表面及孔隙形成一层致密的氧化膜的表面处理工艺,用于要求防锈、耐磨或防高渗透的铁基制件。电镀应用电化学原理在制品表面沉积出牢固覆层,用于要求防锈、耐磨及装饰的制件。

此外,还可通过锻压、焊接、切削加工、特种加工等方法进一步改变烧结体的形状或提高精度,以满足零件的最终要求。

5.3　粉末冶金零件结构工艺性

粉末冶金材料最常用的成型方法是在刚性封闭模具中将金属粉末压缩成型,模具成本较高;由于粉末流动性较差,且受到摩擦力影响,压坯密度一般较低且分布不均匀,强度不高,薄壁、细长形和沿压制方向呈变截面的制品还难以形成。因此,采用压制成型的零件结构的设计应注意下列问题:

(1) 尽量采用对称形状,避免截面变化过大以及窄槽、球面等,以利用于制模和压实,如图 5-3 所示。

(2) 避免局部薄壁,以利于装粉压实防止出现裂纹,如图 5-4 所示。

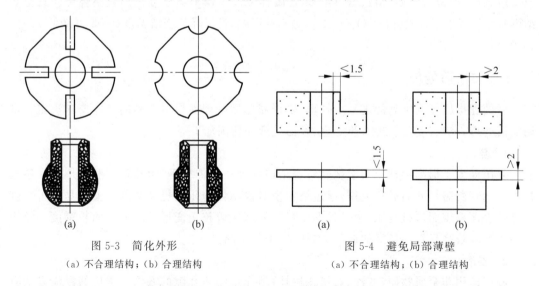

图 5-3　简化外形　　　　　　　　　图 5-4　避免局部薄壁
(a) 不合理结构;(b) 合理结构　　　　　(a) 不合理结构;(b) 合理结构

(3) 避免侧壁上的沟槽和凹孔,以利于压实或减少余块,如图 5-5 所示。

(4) 避免沿压制方向截面积渐增,以利于压实。各壁的交接处应采用圆角或倒角过渡,避免出现尖角,以利于压实及防止模具或压坯产生应力集中,如图 5-6 所示。

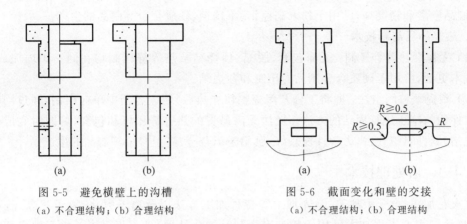

图 5-5　避免横壁上的沟槽　　　　图 5-6　截面变化和壁的交接
（a）不合理结构；（b）合理结构　　　（a）不合理结构；（b）合理结构

5.4　粉末冶金技术发展趋势

近三四十年来,粉末冶金技术有了很大进展,一系列新技术、新工艺相继问世并获得应用,粉末冶金制品的质量不断提高,应用范围不断扩大。

5.4.1　制粉方法

目前应用最广泛的制粉方法还是还原法、雾化法、电解法和机械粉碎法。近年来在传统制粉技术的基础上进一步开发和应用了许多制粉新技术,如机械合金化、超微粉制造技术等,使高纯、超细粉末的制取成为可能。

1. 机械合金化

机械合金化即用高能研磨机或球磨机实现固态合金化的过程。将各合金组分放入高能球磨机中,抽真空后充氩气,使物料经与磨球长时间激烈碰撞,反复粉碎与冷焊,可获得微晶、纳米晶或非晶态的合金化粉末,合金成分可任意选择。此方法可用于复合材料、高温合金及非晶合金等所需粉末的制取。

2. 超微粉制造技术

超微粉末通常是指粒径为 $10\sim100$nm 的细微粉末,有时亦把粒径小于 100nm 的微细粒子称为纳米微粉。纳米微粉的制造方法有：化学气相沉积法、汞齐法、蒸发法、超声粉碎法等。纳米微粉是一种新型的粉末冶金材料,其主要应用于高密度磁记录材料、薄膜集成电路的导电材料、化学催化剂、汽车用的还原触媒等。

5.4.2　成型和烧结技术

传统的成型和烧结技术正在不断得到改进,以进一步提高产品质量和生产效率。新的成型和烧结技术不断出现并应用于生产。近年来,粉末注射成型技术和热等静压制技术发展迅速,其在经济、高效地生产形状复杂的精密制品方面的优越性受到人们高度重视。

1. 注射成型

注射成型即将细微粉末与树脂混合后制粒,再用注塑机注射到模具型腔中成型,经烧结获得制品。注射成型是粉末冶金与注塑的复合,兼具二者的优点,可成型薄壁、中空等复杂形状,制品密度和精度高,已用于粉末高速钢、不锈钢、硬质合金等制品的生产。

2. 热等静压制新技术

(1) 无包套热等静压制:无需包套,脱蜡、预烧结及热等静压制均在同一炉内完成,能耗和成本更低,已用于硬质合金制品的压制和预烧结。

(2) 陶瓷颗粒固结法:即将工件及陶瓷颗粒加热后,装入容器中单向压制,通过陶瓷颗粒对工件均匀施压进行固结的方法。此法无需昂贵的热等静压机和包套,可同时完成压制和预烧结,制件组织致密,力学性能较好,已用于铝合金、高温合金等制品的生产。

5.4.3　后处理技术

电火花加工、电子束加工、激光加工等特种加工方法以及离子氮化、离子注入、气相沉积、热喷涂等表面工程技术已用于粉末冶金制品的后处理,进一步提高了生产效率和制品质量。

复习思考题

1. 金属粉末有哪些工艺性能? 如何提高这些工艺性能?

2. 金属粉末的制备方法有哪些? 各有什么特点?

3. 模压成型时,压坯各部分的密度为何不同?

4. 试述热等静压制与热压制的不同点及应用。

5. 影响粉末制品烧结质量的因素有哪些?

6. 试述粉末制品常用的后处理方法及特点。

7. 以下制品拟采用粉末冶金制造,试选择成型方法和烧结方法。

(1) 铁基基制动带;

(2) 烧结钢麻花钻;

(3) 铜基含油轴承;

(4) 高速钢刀具。

第6章　非金属材料成型

6.1　高分子材料的成型工艺

6.1.1　塑料成型工艺

1. 塑料的组成

塑料是以合成树脂为基础,再加入各种添加剂所组成的。其中,合成树脂为主要成分,它对树脂性能起决定性作用;添加剂是次要成分,其作用是改善塑料的性能。

1)树脂

树脂是塑料的主要成分,它联系着或胶黏着塑料中的其他一切组成部分,并使其有成型性能。树脂的种类、性质以及它在塑料中占有的比例,对塑料的性能起着决定性的作用,因此绝大多数塑料就是以所用树脂的名称命名。

2)添加剂

添加剂是为了改善塑料的某些性能而加入的物质。通常根据所加入的目的及作用不同分为以下几类。

(1)填料。弥补树脂某些性能的不足,改善某些性能,扩大塑料应用范围,降低塑料的成本而加入的一些物质。填料在塑料中占有较大比例,其用量可达20％～50％。如塑料中加入铝粉可提高光反射能力和防老化等。

(2)增塑剂。用来提高树脂的可塑性与柔软性的物质。主要使用熔点低的低分子化合物,它能使大分子链间距增加,降低分子间作用力,增大大分子链的柔顺性。

(3)固化剂。能使热固性树脂受热时产生交联作用,由受热可塑的线型结构变成体型结构的热稳定塑料的物质,如环氧树脂中加入乙二胺等。

(4)稳定剂。提高树脂在受热和光作用时的稳定性,防止过早老化,延长使用寿命而加入的物质,如硬脂酸盐等。

(5)润滑剂。为防止塑料在成型过程中黏连在模具或其他设备上而加入的物质,同时使塑料制品表面光亮美观,如硬脂酸等。

(6)着色剂。为使塑料制品具有美观的颜色及使用要求而加入的物质。

除以上几种以外还有发泡剂、防老化剂、抗静电剂、阻燃剂等。添加剂在使用中,要根据塑料的品种,有选择性地加入相应的种类,以适用不同需要。

2. 塑料的分类

(1)按热性能分为热塑性塑料和热固性塑料。热塑性塑料加热后能软化或熔化,冷却后硬化定型,这个过程可反复进行,如聚乙烯、聚丙烯等。热固性塑料经加工成型后不能用加热的方法使它软化,形状一经固定后不再改变,若加热则分解,如环氧树脂等。

(2)按使用性能分为工程塑料、通用塑料和特种塑料。工程塑料指可以代替金属材料用做工程材料或结构材料的一类塑料。它们的力学性能较高、耐热、耐腐蚀性比较好,有良好的尺寸稳定性,如尼龙、聚甲醛等。通用塑料通常指产量大、成本低、通用性强的塑料,如聚氯乙烯、聚乙烯等。特种塑料值指具有某些特殊性能的塑料,如耐高温、耐腐蚀等。这类塑料产量少,价格较贵,只用于特殊需要场合。

随着塑料应用范围不断扩大,工程塑料和通用塑料之间的界限很难划分。

3. 塑料的性能

塑料相对于金属来说,具有质量轻、比强度高、化学稳定性好、电绝缘性好、耐磨、减摩和自润滑性好等优点。另外,如透光性、绝热性等也是一般金属所不及的。但对塑料本身而言,各种塑料之间存在着性能上的差异。

1) 力学性能

(1) 强度。通常热塑性塑料强度一般在 50～100MPa,热固性塑料强度一般在 30～60MPa,强度较低。弹性模量一般只有金属材料的十分之一。但塑料的比强度较高,承受冲击载荷的能力同金属一样。

(2) 摩擦、磨损性能。虽然塑料的硬度低,但其摩擦、磨损性能优良,摩擦系数小,有些塑料有自润滑性能,很耐磨,可制作在干摩擦条件下使用的零件。

(3) 蠕变。蠕变指材料受到一固定载荷时,除了开始的瞬时变形外,随时间的增加变形逐渐增大的过程。由于塑料的蠕变温度低,因此塑料在室温下就会出现蠕变,通常称为冷流。

2) 热性能

(1) 耐热性。用来确定塑料的最高允许使用温度范围。衡量耐热性的指标,通常有马丁耐热温度和热变形温度两种。热塑性塑料马丁温度多数在 100℃ 以下,热固性塑料马丁温度一般均高于热塑性塑料,如有机硅塑料高达 300℃。

(2) 导热性。塑料的导热性很差,导热系数一般只有 $0.84～2.51J/(m \cdot h \cdot ℃)$。

(3) 热膨胀系数。塑料的热膨胀系数是比较大的,约为金属的 3～10 倍。

3) 化学性能

塑料一般都有较好的化学稳定性,对酸、碱等化学药品具有良好的抗腐蚀性能。

4. 常用工程塑料

1) 热塑性塑料

(1) 聚乙烯(PE)。聚乙烯是白色蜡状半透明材料。聚乙烯按聚合方法不同,分为低压、中压、高压三种。低压法得到的是高密度聚乙烯(HDPE),有较高密度、相对分子质量和结晶度。因此其强度较高,耐磨、耐蚀、绝缘性、耐寒性良好,使用温度达 100℃。它可用来制作塑料硬管、板材、绳索以及承受载荷不高的零件,如齿轮、轴承等。高压法得到的是低密度聚乙烯(LDPE),较柔韧,强度低,使用温度为 80℃,一般用来制造塑料薄膜、软管、塑料瓶。聚乙烯可用于包装食品、药品,以及包覆电缆和金属表面。

(2) 聚氯乙烯(PVC)。聚氯乙烯分为硬质、软质两种。不加增塑剂的是硬质聚氯乙烯;加增塑剂的是软质聚氯乙烯。硬质聚氯乙烯主要用于制造化工、纺织等工业的废气、排污、排毒塔、输送管及接头,电器绝缘插接件等。软质聚氯乙烯主要用于制作农业薄膜、工业用包装材料、耐酸碱软管及电线、电缆绝缘层等。

(3) 聚丙烯(PP)。聚丙烯呈白色蜡状,外观似聚乙烯,但更透明,相对密度约为 0.90～

0.91,是塑料中最轻的。它具有优良的电绝缘性和耐蚀性,在常温下能耐酸碱。在无外力作用时,加热到 150℃ 也不变形。在常用塑料中它是唯一能经受高温消毒(130℃)的品种;力学性能如拉伸、屈服强度、压缩强度、硬度、弹性模量等优于低压聚乙烯,并有突出的刚性和优良的电绝缘性能。主要缺点是黏合性、染色性、印刷性较差,低温易脆化、易受热,光作用易变质,易燃、收缩大。由于它具有优良的综合力学性能,常用来制造各种机械零件,又因聚丙烯无毒,也可用作药品、食品的包装。

(4) 聚苯乙烯(PS)。聚苯乙烯是目前世界上应用最广泛的塑料之一,产量仅次于 PE、PVC。它有良好的加工性能,其薄膜具有优良的电绝缘性;它的发泡材料相对密度小,有良好的隔热、隔音、防震性能,广泛用于仪器的包装和隔热。缺点是脆性大,耐热性差,因此有相当数量的聚苯乙烯与丁二烯、丙烯腈、异丁烯、氯乙烯等共聚使用。共聚后的聚合物具有较高冲击强度、耐热性和耐蚀性。

(5) 聚碳酸酯(PC)。聚碳酸酯是新型热塑性工程材料,它的品种很多,工程上常用的是芳香族聚碳酸酯,具有优良的综合性能,近年来发展很快,产量仅次于尼龙。聚碳酸酯的化学稳定性很好,能抵抗日光、雨水和气温变化的影响,它的透明度高,成型收缩率小,制件尺寸精度高,广泛用于机械、仪表、电信、交通、航空、医疗器械等方面。

(6) 聚四氟乙烯(PTFE)。聚四氟乙烯是以线型晶态高聚物聚四氟乙烯为基的塑料。结晶度为 55%～75%,熔点为 327℃。具有优异的耐化学腐蚀性,不受任何化学试剂的侵蚀,即使在高温下,在强酸、强碱、强氧化剂中也不受腐蚀,故有"塑料王"之称;还具有突出的耐高温和耐低温性能,在 -195～250℃ 范围内长期使用,其力学性能几乎不发生变化;而且摩擦系数小,只有 0.04,并有自润滑性;吸水性小、在极潮湿的条件下仍能保持良好的绝缘性。但其强度、硬度低,尤其是抗压强度不高;加工成型性差,加热后黏度大,只能用冷压烧结方法成型。在温度高于 390℃ 时分解出有剧毒的气体,因此加工成型时必须严格控制温度。

(7) ABS 塑料。ABS 塑料是由丙烯腈(A)、丁二烯(B)、苯乙烯(S)三种组元以苯乙烯为主体共聚而成,三个单体可以任意比例变化,制成各种品级的树脂。ABS 树脂兼有三种组元的共同性能,使其成为"坚韧、质硬、刚性"的材料。总之,ABS 树脂具有耐热、表面硬度高、尺寸稳定、良好的耐化学性及电性能、易于成型和机械加工等特点。此外,表面还可以电镀。ABS 塑料原料易得、性能良好、成本低廉,在机械加工、电器制造、汽车等工业领域得到广泛应用。

另外,聚甲基丙烯酸甲酯(PMMA)也是一种较为常用的热塑性塑料。聚甲基丙烯酸甲酯,俗称有机玻璃,是目前最好的透明材料,透光率达 92% 以上,超过普通玻璃;相对密度小(1.18),仅为玻璃的一半;还有很好的力学性能,拉伸强度为 60～70MPa,冲击韧性为 1.6～2.7J/cm²,比普通玻璃高 7～8 倍(当厚度各为 3～6mm 时);耐紫外线并防大气老化;易于加工成型。但硬度不如普通玻璃高,耐磨性较差,易溶于有机溶剂,耐热性差,一般使用温度不能超过 80℃,导热性差,热膨胀系数大。主要用来制造各种窗、罩光学镜片以及防弹玻璃等。

2) 热固性塑料

(1) 酚醛塑料(PF)。俗称电木,它是以交联型非晶态热固性高聚物酚醛树脂为基,加入适当添加剂经固化处理而形成的交联型热固性塑料。它具有较高的强度、硬度和耐磨性。

广泛用于机械、电子、航空、船舶、仪表等工业中。缺点是质地较脆、耐光性差、色彩单调(只能制成棕黑色)。

(2) 环氧塑料(EP)。环氧塑料是以环氧树脂为基加入各种添加剂经固化处理形成的热固性塑料。具有比强度高,耐热性、耐腐蚀性、绝缘性及加工成型性好的特点。缺点是价格昂贵。主要用于制作模具、精密量具、电气及电子元件等重要零件。

(3) 氨基塑料(UF、MF)。氨基塑料是由含有氨基的化合物(主要是尿素,其次是三聚氰胺)与甲醛经缩聚反应制成氨基树脂,然后与填料、润滑剂、颜料等混合,经处理得到的热固性塑料。氨基塑料颜色鲜艳,半透明如玉,俗称"电玉"。它具有优良的电绝缘性和突出的耐电弧性能,硬度高,耐磨性好,并且耐水、耐热、难燃、耐油脂和溶剂,着色性好。主要用于压制绝缘零件、防爆电器配件,以及在航空、建筑、车辆、船舶等方面作装饰材料。

5. 塑料的成型方法

塑料的成型方法因树脂的性质和制品的形式不同而不同,主要有热塑性塑料的注塑成型、挤塑成型、吹塑成型,热固性塑料的压制成型、浇铸成型、传递模塑成型、旋转成型、涂敷成型等。

1) 注塑成型

注塑成型(注射成型)是根据金属压铸成型原理发展起来的,是目前高分子材料成型的一种常用方法,既可作为热塑性塑料的成型,又可成为热固性塑料的成型。如图 6-1 所示,注射成型时,首先将松散的粉状或粒状物料从料斗送入高温机筒内加热熔融塑化,使之成为黏流态熔体,然后在柱塞或螺杆的高压推动下以很大的流速通过喷嘴注射进入温度较低的闭合模具中。熔体在压力作用下充满型腔并被压实,经过一段保压时间后柱塞或螺杆回程,此时,熔体可能从型腔向浇注系统倒流。制品冷却定形后,开启模具使制品从模腔中脱出。可见,塑料的注射成型过程是塑料被加热熔融塑化、注射、充模、压实、保压、倒流、冷却定形的过程。

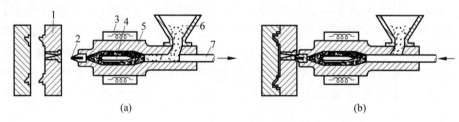

图 6-1　注塑成型原理示意图

(a) 注塑前；(b) 注塑中

1—模具；2—喷嘴；3—加热装置；4—分流梳；5—料筒；6—料斗；7—注射柱塞

注射成型方法具有能一次成型出外形复杂、尺寸精确的塑料制件；生产性能好,成型周期短,一般制件只需 20～60s 即可成型；可实现由自动化或半自动化作业,具有较高的生产效率和技术经济指标等优点,可制造形状复杂和带金属嵌件的塑料制品,如日用塑料制品、电器外壳、塑料泵体等。因而该方法已成为现代非金属材料成型技术中具有广泛发展前途的一种加工方法。

2) 挤塑成型

挤塑成型也称作挤出成型,是加工热塑性塑料最早使用的方法之一,也是目前应用最普遍、最重要的一种方法。如图 6-2 所示,该工艺是将热塑性高聚物和各种助剂混合均匀后,在挤出机的机筒内经旋转的螺杆进行输送、压缩、剪切、塑化、熔融并通过机头定量定压挤出而成制品的过程。

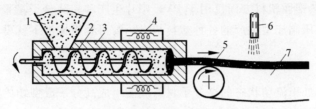

图 6-2 挤塑成型原理示意图

1—料斗;2—螺杆;3—料筒;4—加热器;5—成型塑料;6—冷却装置;7—传送装置

挤塑成型具有设备成本低、制造容易,劳动条件好,生产效率高;操作简单,工艺过程容易控制,便于实现连续自动化生产;产品质量均匀、致密;可以一机多用,进行综合性生产的特点。其加工的塑料制品,主要是连续的制品,如薄膜、管、板、片、棒、单丝、扁带、网、复合材料、中空容器、电线被覆及异型材等。目前,国内外挤出成型工艺发展的总趋势是多规格、大型化、高速化和自动化。

3) 吹塑成型

吹塑成型是利用热塑性塑料可塑性良好的特点来成型的一种工艺方法。它是目前生产塑料制品的主要方法之一,主要用于生产热塑性塑料薄膜及中空制品,包括挤出吹塑和中空吹塑两种工艺方法。

中空吹塑成型是将从挤出机挤出的、尚处于软化状态的管状热塑性塑料坯料放入成型模内,然后通入压缩空气,利用空气的压力使坯料沿模腔变形,从而吹制成颈口短小的中空制品。图 6-3 所示是塑料瓶吹塑成型的示意图。中空吹塑目前已广泛用来生产各种薄壳形中空制品、化工和日用包装容器,以及儿童玩具等。

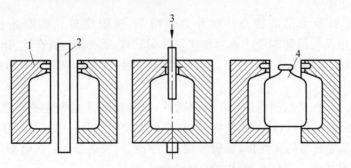

图 6-3 中空吹塑成型原理示意图

1—模具;2—型坯;3—压缩空气;4—制品

挤出吹塑是利用挤出法将塑料挤成管坯。挤出吹塑的优点是生产效率高,设备成本低,模具和机械的选择范围广;缺点是废品率较高,废料的回收、利用差,制品的厚度控制及原料的分散性受限制,成型后必须进行修边操作。

4) 压制成型

热固性塑料大多采用压制成型。压制成型有模压法和层压法两种。层压法是用片状骨架填料在树脂溶液中浸渍,然后在层压机上加热、加压固化成型的方法。模压法是将粉状塑料放在金属模内加热软化并加压,使塑料在一定温度、压力和时间内发生化学反应,并固化成型后脱模、取出制品的成型方法。模压主要用于热固性塑料,如酚醛、环氧、有机硅等热固性树脂的成型,在热塑性塑料方面仅用于 PVC 唱片生产和超高分子量聚乙烯(UHMWPE)制品的预压成型。压制成型生产的各种塑料板、棒、管再经机械加工就可以得到各种较为复杂的零件。

5) 浇铸成型

浇铸成型是将处于流动状态的高分子材料或能生成高分子成型物的液态单体材料注入特定的模具中,在一定的条件下使之反应固化,从而得到与模具型腔一致的制品的工艺方法。浇铸成型既可用于塑料制品的生产,也可用于橡胶制品的生产。它适用于流动性好、收缩小的热塑性塑料或热固性塑料,尤宜制作体积大、质量大、形状复杂的塑料件。其设备工艺也较简单,成本较低,而且可以制造镶嵌有金属构件的制品,但生产效率不如其他成型方法。

6) 传递模塑成型

为了弥补模压成型生产的缺陷,发展了传递模塑成型。将热固性树脂原料加热熔化后,加压使熔体通过浇铸口,进入模腔内固化成型。模具可以是多个,生产效率高,其结构与注塑的结构基本相同。

6.1.2　橡胶成型工艺

橡胶是一种具有弹性的高分子化合物。相对分子质量一般都在几十万以上,有的甚至达到一百万。它与塑料的区别是在很宽的温度范围内(-50~150℃)处于高弹态,具有显著的高弹性。

1. 橡胶的性能特点及用途

1) 橡胶的性能特点

高弹性是橡胶最突出的特点。在外力作用下,橡胶能拉长到原始长度的 100%~1000%,还具有很高的积蓄能量的能力和优良的柔韧性、伸缩性、隔音性、阻尼性、电绝缘性和耐磨性等。其最大特点是具有良好的柔顺性、易变性、复原性和积蓄能量的能力。

2) 橡胶的用途

橡胶用途很广,在机械制造业中用作密封件,如旋转轴耐油密封皮碗、管道接头、密封圈等;用于减震件,如各种减震胶垫、胶圈、汽车底盘橡胶弹簧等;用于滚动传动件,如传动皮带、轮胎;用于承受载荷的弹性件,如橡胶轴承、缓冲器、制动器等;在电器工业中用作各种导线、电缆的绝缘和电子元件的整体包封材料等。

2. 橡胶的组成

纯橡胶的性能随温度的变化有较大的差别,高温时发黏,低温时变脆,易为溶剂溶解。因此,必须添加其他组分且经过特殊处理后制成橡胶材料方可使用。橡胶由生胶和橡胶配合剂组成。

1) 生胶

它是橡胶制品的主要组分,对其他配合剂来说起着黏结剂的作用。使用不同的生胶,可以制成不同性能的橡胶制品。其来源可以是天然的,也可以是合成的。

2）橡胶配合剂

它的种类很多,可分为硫化剂、硫化促进剂、防老剂、软化剂、填充剂、发泡剂及染色剂等。加入配合剂是为了提高橡胶制品的使用性能或改善加工工艺性能。现分别介绍如下:

（1）硫化剂。使橡胶分子产生交联成为三维网状结构,这种交联过程叫硫化。硫化剂主要品种有硫黄、有机含硫化合物、过氧化物等。

（2）硫化促进剂。促进生胶与硫化剂的反应,缩短硫化时间、减少硫化剂的用量。主要有氧化锌、氧化镁等。硫化促进剂往往要在活性状态下才能有效发挥作用。

（3）增塑剂。橡胶作为弹性体,为便于加工必须使其具有一定的塑性,才能和各种配合剂混合。增塑剂的加入,增加了橡胶的塑性,改善了黏附力,降低了橡胶的硬度,提高耐寒性。常用增塑剂有硬脂酸、凡士林及一些油类等。

（4）防老剂。起到延缓橡胶老化,从而延长其使用寿命。主要有石蜡、蜂蜡等。

（5）补强剂。能使硫化橡胶的抗拉强度、硬度、耐磨性、弹性等性能有所改善。主要品种有炭黑、陶土等。

（6）填充剂。增加橡胶的强度,增加容积降低成本。在制造橡胶时,加入的填充剂能提高橡胶力学性能的称为活性填料,能提高其他某些性能以及减少橡胶用量的称为非活性填料。常用的活性填料有炭黑、白陶土、氧化锌等,非活性填料有滑石粉、硫酸钡等。

（7）发泡剂。使制品呈多孔和空心。主要有碳酸氢钠等。

（8）着色剂。使橡胶制品具有各种颜色,而兼有耐光、防老化、补强与增容等作用。主要有锌白、钡白、炭黑、铁红、铬黄和铬绿等。

3. 常用橡胶

橡胶品种很多,按原料来源可分为天然橡胶和合成橡胶；按应用范围又可分为通用橡胶和特种橡胶。

1）天然橡胶

天然橡胶是橡树上流出的胶乳,经过凝固、干燥、加压等工序制成生胶,橡胶含量在90％以上,是以异戊二烯为主要成分的不饱和状态的天然高分子化合物。

天然橡胶有较好的弹性（弹性模量为 $3\sim6MPa$）,较好的力学性能（硫化后拉伸强度为 $17\sim29MPa$）,有良好的耐碱性,但不耐浓强酸,还具有良好的电绝缘性。缺点是耐油差,耐臭氧老化性差,不耐高温。天然橡胶广泛用于制造轮胎等橡胶制品。

2）通用合成橡胶

通用合成橡胶的种类很多,常用的有以下几种:

（1）丁苯橡胶。它是由丁二烯和苯乙烯聚合而成的,是产量最大、应用最广的合成橡胶。其主要品种有丁苯-10、丁苯-30、丁苯-50 等。丁苯橡胶的耐磨性、耐油性、耐热性及抗老化性优于天然橡胶,并可以任意比例与天然橡胶混用,价格低廉。缺点是生胶强度低,黏接性差,成型困难,弹性不如天然橡胶,主要用于制造轮胎、胶带、胶管等。

（2）顺丁橡胶。由丁二烯聚合而成,产量仅次于丁苯橡胶居第二位。它的突出特点是弹性高,是目前各种橡胶中弹性最好的一种,弹性、耐磨性、耐热性、耐寒性均优于天然橡胶。缺点是强度低、加工性差、抗断裂性差。主要用于制作轮胎、胶带、减震部件、绝缘零件等。

（3）氯丁橡胶。由氯丁二烯聚合而成,其力学性能与天然橡胶相近,具有高弹性、高绝缘性、高强度,并耐油、耐溶剂、耐氧化、耐酸、耐热、耐燃烧、抗老化等,有"万能橡胶"之称。

缺点是耐寒性差、密度大、生胶稳定性差。主要用于制作输送带、风管、电缆包皮、输油管等。

3）特种合成橡胶

（1）丁腈橡胶。由丁二烯和丙烯腈共聚而成，是特种橡胶中产量最大的品种。耐油、耐热、耐燃烧、耐磨、耐火、耐碱、耐有机溶剂、抗老化性好。缺点是耐寒性差，脆化温度为 $-10\sim-20℃$，耐酸性和绝缘性差。丁腈橡胶的品种很多，主要有丁腈-18、丁腈-26、丁腈-40 等。数字表示丙烯腈的百分含量，数字越大，橡胶中丙烯腈的含量就越高，其强度、硬度、耐磨性、耐油性等也随之升高，但耐寒性、弹性、透气性下降。丙烯腈含量一般在 $15\%\sim50\%$ 为宜。主要用于制作耐油制品，如油桶、油槽、输油管等。

（2）硅橡胶。由二基硅氧烷与其他有机硅单体共聚而成。其具有高的耐热和耐寒性，在 $-100\sim350℃$ 范围内保持良好的弹性，抗老化、绝缘性好。缺点是强度低，耐磨、耐酸碱性差，价格昂贵。主要用于飞机和宇航中的密封件、薄膜和耐高温的电线、电缆等。

（3）氟橡胶。以碳原子为主链，含有氟原子的聚合物。化学稳定性高，耐蚀性居各类橡胶之首，耐热性好，最高使用温度为 $300℃$。缺点是价格昂贵，耐寒性差，加工性不好。主要用于国防和高技术中的密封件和化工设备等。

4. 橡胶制品的成型

橡胶材料制备时，生胶需经过塑炼，然后加入配合剂进行混炼，进行加工成型，然后再进行硫化处理。天然橡胶和多数合成橡胶塑性太低，与橡胶配合剂不易混合均匀，也难以加工成型，所以生胶需要塑炼，即生胶在机械作用或化学作用下，适当降低高聚物的相对分子质量，增加可塑性。塑炼设备主要有密闭式炼胶机（密炼机）或开放式炼胶机（开炼机）。将塑炼胶和各种配合剂用机械方法使之完全均匀分散的过程称为混炼。下面介绍橡胶制品的成型工艺。

1）压延成型

压延成型是生产高分子材料薄膜和片材的成型方法，既可用于塑料，也可用于橡胶。用于加工橡胶时主要是生产片材（胶片）。

压延过程是利用一对或数对相对旋转的加热滚筒，使物料在滚筒间隙被压延而连续形成一定厚度和宽度的薄型材料。所用设备为压延机。加工时前面需用双辊混练机或其他混练装置供料，把加热、塑化的物料加入到压延机中；压延机各滚筒也加热到所需温度，物料顺次通过辊隙，被逐渐压薄；最后一对辊的辊间距决定制品厚度。压延过程如图 6-4 所示。

压延机的主体是一组加热的辊筒，按辊筒数目可分为两辊、三辊或更多。

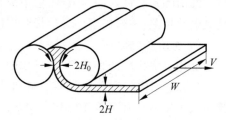

图 6-4　压延过程示意图

在压延成型过程中，必须协调辊温和转速，控制每对辊的速比，保持一定的辊隙存料量，调节辊间距，以保证产品外观及有关性能。离开压延机后片料通过引离辊，如需压花则需趁热通过压花辊，最后经冷却并卷曲成卷。

压延成型的生产特点是加工能力大，生产速度快，产品质量好，生产连续。压延成型的主要缺点是设备庞大，投资较高，维修复杂，制品宽度受压延机滚筒的限制等，因而在生产连续片材方面不如挤出成型的技术发展快。

2）压出成型

橡胶的压出与塑料的挤出，在所用设备及加工原理方面基本相似。

压出是橡胶加工中的一项基础工艺。其基本过程是在压出机中对胶料加热与塑化，通过螺杆的旋转，使胶料在螺杆和机筒壁之间受到强大的挤压力，不断地向前移送，并借助口型压出各种断面的半成品，以达到初步造型的目的。在橡胶工业中压出的产品很多，如轮胎胎面、内胎、胶管内外层胶、电线、电缆外套以及各种异形断面的制品等。

影响橡胶压出工艺的主要因素有胶料的组成和性质、压出温度、压出速度和压出物的冷却过程。

3）模压成型

模压成型是将混合均匀的粉末置于模具中，在压力机上制成一定形状的毛坯。模压成型时，加压方式、加压速度和保压时间对坯的密度有较大影响。单面加压时坯体上下密度差别较大，双面加压时上下密度均匀，但中间密度较小，使用润滑剂可减少模具的摩擦，增加坯体的均匀性。加压速度不能过快，保压时间不能过短，否则坯体的质量不均匀，内部气体较多。对于小型、较薄的坯料可适当增加速度，缩短保压时间，提高效率。而大型、较厚的坯料开始加压速度要慢，起到预压作用，中间速度加快，最后放慢并保压一定时间。模压形成坯体密度较大，尺寸精度，机械强度高，收缩小，并且操作简单，生产率高，是工程陶瓷形成中最常用的工艺。但模压形成不适于坯体生产，因坯体性能不均匀，而且模具磨损大，成本高。适合于成型高度为 0.3～60mm，直径为 5～500mm，形状简单的制品，并且要注意坯体的长度与直径的比值，比值越小，坯体的质量越均匀。

6.2　陶瓷材料的成型工艺

陶瓷是一种无机非金属材料，种类繁多，应用很广。传统上"陶瓷"是陶器与瓷器的总称。后来，发展到泛指整个硅酸盐材料，包括玻璃、水泥、耐火材料、陶瓷等。为适应航天、能源、电子等新技术的要求，在传统硅酸盐材料的基础上，用无机非金属物质为原料，经粉碎、配制、成型和高温烧结制得大量新型无机材料，如功能陶瓷、特种玻璃、特种涂层等。

6.2.1　陶瓷材料的分类

陶瓷材料种类很多，按使用的原材料可分为普通陶瓷和特种陶瓷；按性能特点和用途等可分为工程陶瓷和功能陶瓷两大类，如表 6-1 所示。

表 6-1　陶瓷材料分类

分类	特性	典型材料及状态	主要用途
工程陶瓷	高强度（常温、高温）	Si_3N_4，SiC（致密烧结体）	发动机耐热部件：叶片，转子，活塞，内衬，喷嘴，阀门
	韧性	Al_2O_3，B_4C，金刚石（金属结合），TiN，TiC，B_4C，Al_2O_3，WC（致密烧结体）	切削工具
	硬度	Al_2O_3，B_4C，金刚石（粉状）	研磨材料

分类	特性	典型材料及状态	主要用途
功能陶瓷	绝缘性	Al_2O_3(高纯致密烧结体,薄片状) BeO(高纯致密烧结体)	集成电路衬底,散热性绝缘衬底
	介电性	$BaTiO_3$(致密烧结体)	大容量电容器
	压电性	$Pb(Zr_xTi_{1-x})O_3$(经极化致密烧结体)	振荡元件,滤波器
		ZnO(定向薄膜)	表面波延退元件
	热电性	$Pb(Zr_xTi_{1-x})O_3$(经极化致密烧结体)	红外检测元件
	铁电性	PLZT(致密透明烧结体)	图像记忆元件
	离子导电性	$\beta\text{-}Al_2O_3$(致密烧结体)	钠硫电池
		稳定 Zr_2(致密烧结体)	氧量敏感元件
	半导体	$LaCrO_3$,SiC	电阻发热体
		$BaTiO_3$(控制显微结构)	正温度系数热敏电阻
		SnO_2(多孔质烧结体)	气体敏感元件
		ZnO(烧结体)	变阻器
	软磁性	$Zn_{1-x}Mn_xFe_2O_4$(经极化致密烧结体)	记忆运算元件,磁芯,磁带
	硬磁性	$SrO\cdot6Fe_2O_3$(致密烧结体)	磁铁

6.2.2　陶瓷材料的组成

陶瓷的晶体结构比金属复杂得多,它们以离子键和共价键为主要结合键结合在一起。在显微镜下观察,可看到陶瓷材料的显微组织通常由三种不同的相组成,即晶体相、玻璃相和气相。

1. 晶体相

晶体相是陶瓷材料中最主要的相,它的结构、数量、形态和分布决定陶瓷的主要性能和应用。例如,刚玉陶瓷的主晶相是 $\alpha\text{-}Al_2O_3$,由于其结构紧密,因而具有强度高、耐高温、耐腐蚀的特点。

2. 玻璃相

玻璃相是非晶态结构的低熔点固态相。对于不同陶瓷,玻璃相的含量不同,有时多达20%～60%。玻璃相的作用是黏结分散的晶体相,填充晶体相之间的空隙,降低烧结温度,抑制晶粒长大,但玻璃相对陶瓷的强度、介电性、耐热、耐火性和化学稳定性不利。

3. 气相

气相(气孔)在陶瓷材料中占有重要地位,大部分气孔在陶瓷生产工艺过程中不可避免地残存下来,有时为了特殊需要,还要有目的地控制气孔的生成。特种陶瓷中的气孔一般占体积的 0～10%。除多孔陶瓷外,气孔是应力集中的地方,它使陶瓷的强度降低,常常是造成断裂的根源。

6.2.3　陶瓷材料的性能

1. 陶瓷材料的力学性能

(1) 刚度。陶瓷材料的弹性模量比金属材料大得多,在各类材料中最高。例如,钢的弹

性模量为 $(2.0\sim2.2)\times10^5$ MPa,而氧化铝的弹性模量可达 3.8×10^5 MPa;并且陶瓷材料在受压状态的弹性模量 $E_压$ 一般大于拉伸状态下的弹性模量 $E_拉$,而金属在受压和受拉状态下的弹性模量相等。

(2) 强度。理论上陶瓷材料具有很高的强度,约为 $E/10\sim E/5$;而实际上一般只有 $E/1000\sim E/100$,比金属材料的强度低得多。这主要是因为陶瓷的结构复杂,相的不均匀性和气孔使强度降低。

陶瓷材料显微组织复杂,不均匀,表面裂纹、杂质和缺陷多。因此,陶瓷的强度比金属的强度低得多。陶瓷材料的抗拉强度低,而抗压强度非常高。

(3) 硬度。陶瓷的突出特点是高硬度,其硬度数值常用莫氏硬度即刻划硬度表示。莫氏硬度共分为十级,用于表示材料硬度的相对高低。其数值越大,硬度越高。陶瓷的硬度一般在莫氏 $7\sim9.5$ 之间。

(4) 塑性与韧性。陶瓷的最大弱点是塑性与韧性很低。一般陶瓷在室温下塑性为零。这是因为陶瓷晶体的滑移系很少,位错运动所需的力很大;另外,与陶瓷材料结构中的结合键强度也有影响。

2. 陶瓷材料的物理、化学性能

(1) 熔点。陶瓷材料的熔点很高,一般在 2000℃ 以上,而且有很好的高温强度,同时具有高温抗蠕变能力。因此,陶瓷是很有前途的高温材料。

(2) 导热性。陶瓷的导热性比金属差。其原因是没有自由电子的传热作用和气孔对传热不利。所以,陶瓷多为较好的绝热材料。

(3) 热稳定性。陶瓷的热稳定性(即抗热震性)比金属低得多,这是陶瓷的另一个主要缺点。抗热震性一般用急冷到水中不破裂所能承受的最高温度表示。日用陶瓷的热稳定性为 220℃,而且多数陶瓷不耐急冷急热,经不起热的冲击。

(4) 化学稳定性。陶瓷具有非常稳定的结构。陶瓷很难与介质中的氧发生反应,即使 1000℃ 的高温也不会氧化。一般情况下,陶瓷对酸、碱、盐等腐蚀介质具有较强的抗蚀能力,也能抵抗熔融的非铁金属(如铜、铝)的侵蚀,是很好的坩埚材料。

(5) 导电性。陶瓷的导电性变化范围很广。由于缺乏自由电子的导电机制,大多数陶瓷是良好的绝缘体。但不少陶瓷既是离子导体,又有一定的导电性。所以,陶瓷也是重要的半导体材料。

6.2.4　常用陶瓷材料

1. 普通陶瓷

普通陶瓷是指黏土类陶瓷。它是以黏土、石英、长石为原料配制烧结而成。这类陶瓷质地坚硬而脆性大,具有很好的绝缘性、耐蚀性、加工成型性,成分和结构复杂,因而强度较低,高温性能不及其他陶瓷,一般只能承受 1200℃ 的高温。

这类陶瓷产量大,种类多,广泛应用于电工、化工、建筑、纺织等行业,普通陶瓷的性能见表 6-2。

表 6-2　普通陶瓷的性能

名　称	耐酸耐温陶瓷	耐酸陶瓷	工业陶瓷
相对密度	2.1～2.2	2.2～2.3	2.3～2.4
气孔率/%	<12	<5	<3
吸水率/%	<6	<3	<1.5
耐温度急变/℃ *	450	200	200
抗拉强度/MPa	7～8	8～12	26～36
抗弯强度/MPa	30～50	40～60	65～85
抗压强度/MPa	120～140	80～120	460～660
冲击强度/MPa		$(1.5～3)×10^3$	$(1.5～3)×10^3$
弹性模量/MPa		450～600	650～800

> * 耐温度急变是使试样从 200℃ 或 450℃ 急冷到 20℃,反复 2～4 次不出现裂纹。

2. 特种陶瓷

(1) 氧化铝陶瓷。这是主要成分为 Al_2O_3 的陶瓷,也称为高铝陶瓷。当 Al_2O_3 含量在 90%～99.5% 时称为刚玉瓷。按 Al_2O_3 含量可分为 75 瓷、85 瓷、96 瓷、99 瓷等。

氧化铝含量越高则性能越好。氧化铝陶瓷的硬度高,耐高温性能好,在氧化性气氛中可在 1200℃ 使用,而且耐蚀,强度比普通陶瓷高 3～6 倍,红硬性可达 1200℃,耐磨性好,因而可用于制造工具、模具、量具、轴承和腐蚀条件下工作的轴承。它可制作熔炼铁、钴、镍等的坩埚、高温热电偶套管、化工用泵、阀门等。氧化铝具有很好的电绝缘性,可制作内燃机火花塞等。氧化铝陶瓷的缺点是脆性大,抗热震性差。

(2) 氧化锆陶瓷。氧化锆陶瓷的特点是呈弱酸性和惰性,导热系数很小,耐热性高,有良好的耐蚀性。氧化锆陶瓷可用于制造高温耐火坩埚、发热元件、炉衬、反应堆的绝热材料、金属表面的防护涂层等,还可以制造与金属部件连接、要求耐热绝热的机器零件,如柴油机的活塞顶、气缸套和气缸盖等。

(3) 氮化硅陶瓷。氮化硅陶瓷可用反应烧结法和热压烧结法生产。两种成型工艺所得产品在性能上相差很大,应用范围也有所不同。热压氮化硅的组织致密,密度可达 $3.2g/cm^3$,气孔率为 2% 以下,因而强度高,可达 720MPa。但由于受模具限制,热压氮化硅陶瓷只能制作形状简单且精度要求不高的零件。热压氮化硅主要用于刀具,可切削淬火钢、冷硬铸铁、钢结硬质合金、镍基合金等,也可制造转子发动机的叶片、高温轴承等。

反应烧结氮化硅的密度只有 $2.4～2.6g/cm^3$,因而强度低于热压氮化硅。反应烧结的氮化硅陶瓷常用来制造尺寸精度高、形状复杂的耐磨、耐蚀、耐高温、电气绝缘的零件,如腐蚀介质下工作的机械密封环、高温轴承、热电偶套等,输送铝液的管道和阀门、燃气轮机叶片及农药喷雾器的零件等。

(4) 碳化硅陶瓷。碳化硅陶瓷最大的特点是高温强度大,仅次于氧化铍。它的硬度高,热稳定性、耐磨性、导热性也很好,还具有良好的耐蚀性和抗高温蠕变性能。因此碳化硅陶瓷是一种优良的高温结构材料,常用于制造火箭尾部喷管的喷嘴,浇注金属液用的喉嘴以及炉管、热电偶保护套管、高温热交换器、高温轴承、核燃料的包封材料和各种泵的密封圈等。

(5) 氮化硼陶瓷。氮化硼有六方晶系和立方晶系两种晶型。六方氮化硼的晶体结构、性能均与石墨相似,因而有"白石墨"之称,它具有良好的耐热性、热稳定性、导热性、高温介电强度,是理想的散热材料和高温绝缘材料。另外,其化学稳定性、自润滑性也很好,常用于制造高温热电偶的保护套管、熔炼半导体的坩埚、冶金用高温容器、半导体散热绝缘零件、高温轴承、玻璃成型模具等。

立方氮化硼的结构牢固,有极高的硬度。其硬度和金刚石接近,能耐 2000℃ 的高温,是优良的耐磨材料,为金刚石的代用品。目前它只用于磨料和金属切削刀具。

(6)氧化铀、氧化钍陶瓷。氧化铀、氧化钍陶瓷具有很高的熔点和密度,并且有放射性。这两种氧化物陶瓷主要用于制造熔化难溶金属铑、铂、银的坩埚及核动力反应堆的放热元件等。

常用特种陶瓷的性能见表 6-3。

表 6-3 常用特种陶瓷的性能

名　　称	相对密度	抗拉强度/MPa	抗压强度/MPa
氧化铝(Al_2O_3 99%)	3.85~3.98	265(室温),237(1050℃)	2100~5000(室温),850(1000℃)
氮化硅(Si_3N_4)(反应烧结)	2.44~2.6	141(室温)	1200(室温)
氮化硅(Si_3N_4)(热压烧结)	3.10~3.18	150~750(室温)	
氮化硼(BN)(六方,热压烧结)	2.15~2.2	25(1000℃)	3150(室温)

注:陶瓷材料的性能受制造工艺条件和测试方法的影响,变化很大。

6.2.5　陶瓷材料的成型

陶瓷材料成型方法很多,按坯料的性能可分为三类:可塑法、注浆法和压制法。

1. 可塑法

可塑法又叫塑性料团成型法。坯料中加入一定量水分或细化剂,使之成为具有良好塑性的料团,通过手工或机械成型。日用陶瓷和陶瓷艺术品都是通过手工塑形的方法成型的,注射成型属于机械的可塑法成型。

注射成型是将粉料与有机黏结剂混合后,加热混炼,制成粒状粉料,用注射成型机在 130~300℃ 下注射入金属模具中,冷却后黏结剂固化,取出坯体,经脱脂后就可按常规工艺烧结。这种工艺成型简单,成本低,压坯密度均匀,适用于复杂零件的自动化大规模生产。

2. 注浆法

注浆法又叫浆料成型法。分为一般注浆成型和热压注浆成型。这种成型方法是将陶瓷颗粒悬浮于液体中,然后注入多孔质模,由模具的气孔把料浆中的液体吸出,而在模具内留下坯体,如图 6-5 所示。

料浆成型的工艺过程包括料浆制备、模具制备和料浆浇注三个阶段。料浆制备是关键工序,其要求具有良好的流动性、足够小的黏度、良好的悬浮性、足够的稳定性等。最常用的模具为石膏模,近年来也有用多孔塑料模的。料浆浇注入模并吸干其中液体后,拆开模具取出注件,去除多余料,在室温下自然干燥或在可调温装置中干燥。该成型方法可制造形状复杂、大型薄壁的制品。

利用蜡类材料热熔冷固的特点,把粉料与熔化的蜡料黏合剂迅速搅合成具有流动性的料浆,在热压铸机中用压缩空气把热熔料浆注入金属模,冷却凝固后成型。热压成型这种成型操作简单,模具损失小,可成型复杂制品,但坯体密度较低,生产周期长。

另外,金属铸造生产的离心铸造、真空铸造、压力铸造等工艺方法也被引用于注浆成型,

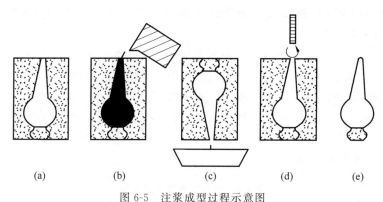

图 6-5　注浆成型过程示意图

(a) 石膏模；(b) 注浆；(c) 倒余浆；(d) 修口；(e) 注件

并形成了离心注浆、真空注浆、压力注浆等方法。离心注浆适用于制造大型环状制品，而且坯体壁厚均匀；真空注浆可有效去除料浆中的气体；压力注浆可提高坯体的致密度，减少坯体中的残留水分，缩短成型时间，减少制品缺陷，是一种较先进的成型工艺。

3. 压制法

压制法又叫粉料成型法。它是将含有一定水分和添加剂的粉料在金属模具中用较高的压力压制成型，与粉末冶金成型方法完全一样。常见的压制法有干压成型、等静压成型等。

(1) 干压成型。它是将粉料装入钢模内，通过模冲对粉末施加压力，压制成具有一定形状和尺寸的压坯的成型方法。卸模后将坯体从阴模中脱出。由于压制过程中粉末颗粒之间、粉末与模冲、模壁之间存在摩擦，使压力损失而造成压坯密度不均分布，故常采用双向压制并在粉料中加入少量有机润滑剂(如油酸)，有时加入少量黏结剂(如聚乙烯醇)以增强粉料的黏结力。该方法一般适用于形状简单、尺寸较小的制品。

(2) 等静压成型。它又叫静水压成型，是利用液体介质不可压缩性和均匀传递压力性的一种成型方法。等静压成型可分为湿式等静压成型和干式等静压成型两种。湿式等静压成型是将预压好的坯料包封在弹性的橡胶模或塑料模具内，然后置于高压容器中施以高压液体(如水、甘油或刹车油等，压力通常在 100MPa 以上)来成型坯体。因是处在高压液体中、各个方向上受压而成型坯体，所以叫湿式等静压。主要适用于成型多品种形状较复杂、产量小和大型制品。

等静压成型有很多优点，例如对模具无严格要求，压力容易调整，坯体均匀致密，烧结收缩小，不易变形开裂等。此工艺的缺点是设备比较复杂，操作繁琐，生产效率低，目前仍只限于生产具有较高要求的电子元件及其他高性能材料。

6.3　复合材料的成型工艺

随着原子能、航天、航空、电子工业、通信技术以及机械和化工工业的发展，对材料性能要求越来越高，除了要求材料具有高的比强度、比模量、耐高温、耐疲劳等以外，还对耐磨性、尺寸稳定性、减震性、无磁性、绝缘性等提出特殊要求，这对单一材料来说是不易实现的。若采用复合技术，把一些具有不同性能的材料复合起来，取长补短，就可实现这些特殊性能要求，于是出现了现代复合材料。复合材料是由两种或两种以上性质不同的材料组合起来的一种多相固体材料。它不仅保留了组成材料各自的优点,而且具有单一材料所没有的优异性能。

6.3.1　复合材料的分类

复合材料的种类很多,分类不统一,但主要根据基体的性质、增强相的形态和材料性能进行分类。

(1) 按基体材料分类。可分为金属基复合材料,如铝基、铜基、镍基复合材料等;非金属基复合材料,如塑料(树脂)基、橡胶基、陶瓷基复合材料等。

(2) 按增强材料形态分类。可分为纤维增强复合材料、颗粒增强复合材料、叠层增强复合材料等。这三类增强材料中,以纤维增强复合材料发展最快、应用最广。

(3) 按复合材料性能分类。可分为结构复合材料和功能复合材料。结构复合材料是指用于结构零件的复合材料;功能复合材料是指具有某种特殊物理或化学特性的复合材料。根据其功能不同可分为导电、磁性、换能、阻尼、摩擦等复合材料。

6.3.2　复合材料的性能特点

不同种类的复合材料具有不同的性能特点。非均质多相复合材料一般具有如下特点:

(1) 高的比强度和比模量。比强度是抗拉强度与密度之比。比强度越大,零件自重越小。比模量是弹性模量与密度之比。比模量越大,零件的刚度越大。复合材料一般都具有较高的比强度和比模量。例如,碳纤维和环氧树脂组成的复合材料,其比强度是钢的 7 倍,比模量比钢的大 3 倍,这对高速运转的零件、要求减轻自重的运输工具和工程构件意义重大。一些材料和复合材料的性能比较见表 6-4。

表 6-4　常用材料和复合材料性能比较

材　　料	密度/g·cm⁻³	抗拉强度/MPa	弹性模量/MPa	比强度/MPa	比模量/MPa
钢	7.8	1.03×10^3	2.1×10^5	0.13×10^6	2.7×10^9
铝	2.8	0.47×10^3	0.75×10^5	0.17×10^6	2.7×10^9
钛	4.5	0.96×10^3	1.14×10^5	0.21×10^6	2.5×10^9
玻璃钢	2.0	1.06×10^3	0.4×10^5	0.53×10^6	2.0×10^9
高强度碳纤维-环氧	1.45	1.5×10^3	1.4×10^5	1.03×10^6	9.7×10^9
高模量碳纤维-环氧	1.6	1.07×10^3	2.4×10^5	0.67×10^6	15.0×10^9
碳纤维-环氧	2.1	1.38×10^3	2.1×10^5	0.66×10^6	10.0×10^9
有机纤维 PRD-环氧	1.4	1.4×10^3	0.8×10^5	1.0×10^6	5.7×10^9
SiC 纤维-环氧	2.2	1.09×10^3	1.02×10^5	0.5×10^6	4.6×10^9
硼纤维-铝	2.65	1.0×10^3	2.0×10^5	0.38×10^6	7.5×10^9

(2) 良好的抗疲劳性能。纤维复合材料特别是纤维树脂复合材料对缺口、应力集中敏感性小,且纤维与基体界面能够阻止疲劳裂纹扩展并改变裂纹扩展方向。因此纤维复合材料有较高的疲劳极限。如金属材料的疲劳极限为抗拉强度的 40%~50%,而碳纤维复合材料可达 70%~80%。

(3) 优良的高温性能。能在高温下保持高强度的纤维,用它作为增强纤维时,可显著提高复合材料的耐高温性能。如铝合金在 300℃ 时强度由 500MPa 降到 30~50MPa,弹性模量几乎为零,当用碳纤维或硼纤维增强后,在此温度下强度和弹性模量基本与室温相同。

(4) 减震性能好。因为结构的自振频率与材料比模量的平方根成正比,而复合材料的比模量高,因此可以较大程度地避免构件在工作状态下产生共振。又因为纤维与基体界面有吸收振动能量的作用,故即使产生振动也会很快地衰减下来。所以纤维增强复合材料有良好的减震性。

(5) 断裂安全性好。纤维复合材料中有大量独立的纤维,平均每平方厘米面积上有几千到几万根纤维,当纤维断裂时,载荷就会重新分配到其他未破断的纤维上。因为构件不致在短期内突然断裂,所以断裂安全性好。

复合材料的缺点是具有各向异性,横向抗拉强度和层间剪切强度比纵向低得多;此外,伸长率及冲击韧性较差,易老化,成本较高。

6.3.3　常用复合材料

1. 纤维增强复合材料

1) 增强纤维材料

(1) 玻璃纤维。玻璃纤维是将熔化的玻璃以极快的冷却速度拉成细丝而制得。按玻璃纤维中 Na_2O 相和 K_2O 相含量的不同,可分为无碱纤维(含碱量<2%)、中碱纤维(含碱量 2%～12%)、高碱纤维(含碱量>12%)。随含碱量增加,玻璃纤维强度、绝缘性、耐腐蚀性能降低,因此高强度玻璃纤维增强复合材料多用无碱玻璃纤维。

玻璃纤维的特点:强度高,抗拉强度可达 1000～3000MPa;弹性模量为 $(3×10^4～5)×10^4$ MPa;密度小,仅为 2.5～2.7g/cm³,与铝相近,是钢的 1/3;比强度和比模量较高;化学稳定性好;不吸水、不燃烧;尺寸稳定;隔热、吸声、绝缘等。缺点是脆性大、耐热性低,250℃以上开始软化。但因价格便宜、制作方便,因而被广泛应用。

(2) 碳纤维和石墨纤维。碳纤维是将人造纤维(黏胶纤维、聚丙烯腈纤维等)在 200～300℃空气中加热并施加一定张力进行预氧化处理,然后在氮气的保护下,在 1000～1500℃的高温下进行碳化处理而制得。其含碳量可达 85%～95%。由于它具有高强度,而称之为高强度碳纤维,也称 Ⅱ 型碳纤维。若将碳纤维在 2500～3000℃高温下进行石墨化处理,这种碳纤维中石墨晶体的层面有规则地沿纤维方向排列,具有高的弹性模量,又称石墨纤维,也称 Ⅰ 型碳纤维。碳纤维的特点是:密度小(1.33～2.0g/cm³),弹性模量高(($2.8×10^5$～$4×10^5$)MPa);高温和低温性能好,在 1500℃以上惰性气体中强度不变,在 −180℃下脆性增加;导电性好。缺点是脆性大,易氧化,与基体结合力差。

(3) 硼纤维。用化学沉积法将非晶态硼涂敷到钨丝或碳丝上而制得。它具有高熔点(2300℃)、高强度(2450～2750MPa)、高弹性模量(($3.8×10^5$～$4.9×10^5$)MPa);在无氧化条件 1000℃时其弹性模量不变;此外,还具有良好的抗氧化性和耐腐蚀性。缺点是工艺复杂,成本高,且纤维直径较粗,所以它在复合材料中的应用不如玻璃纤维和碳纤维广泛。

(4) 碳化硅纤维。它是用碳纤维作底丝,通过气相沉积法而制得。具有高熔点、高强度(平均抗拉强度达 3090MPa)、高弹性模量($1.96×10^5$ MPa),其突出优点是具有优良的高温强度,在 1100℃时其强度仍高达 2100MPa。主要用于增强金属陶瓷。

2) 纤维增强复合材料

(1) 玻璃纤维-树脂复合材料。玻璃纤维增强塑料通常称为玻璃钢。由于成本低,工艺简单,是应用最广泛的复合材料。通常按树脂的性质可分为热塑性玻璃钢和热固性玻璃钢两类。热塑性玻璃钢是由 20%～40% 的玻璃纤维和 60%～80% 的基体材料(如尼龙、ABS 等)组成,具有高强度和高冲击韧性、良好的低温性能及低热膨胀系数。热固性玻璃钢是由 60%～70% 的玻璃纤维(或玻璃布)和 30%～40% 的基体材料(如环氧、聚酯等)组成。其主要特点是密度小、强度高,比强度超过一般高强度钢和铝合金、钛合金,耐磨性、绝缘性和绝热性好,吸水性低,防磁、微波穿透性好,易于加工成型。缺点是弹性模量低,只有结构钢的 1/10～1/5,刚性差,耐热性比热塑性玻璃钢好,但不够高,只能在 300℃ 以下工作。

(2) 碳纤维-树脂复合材料。也称碳纤维增强复合材料。常用的这类复合材料常由碳纤维与聚酯、酚醛、环氧、聚四氟乙烯等树脂组成。其性能优于玻璃钢,具有密度小,强度高,弹性模量高、比强度和比模量高,并具有优良的抗疲劳性能、耐冲击性能,良好的自润滑性、减摩性、耐磨性、耐蚀性和耐热性。缺点是碳纤维与基体的结合力低,各向异性严重。主要用于航空、航天、机械制造、汽车工业及化学工业中。

(3) 硼纤维-树脂复合材料。该类复合材料主要由硼纤维和环氧、聚酰亚胺等树脂组成。具有高的比强度和比模量,良好的耐热性。如硼纤维-环氧树脂复合材料其弹性模量分别为铝、钛合金的 3 倍和 2 倍,比模量则为铝、钛合金的 4 倍。缺点是各向异性明显,加工困难,成本太高。主要用于航空、航天工业。

3) 纤维-金属(或合金)复合材料

纤维增强金属复合材料是由高强度、高模量的脆性纤维和具有较好韧性的低屈服强度的金属或合金组成。常用的纤维有硼纤维、碳纤维、碳化硅纤维。常用的基体有铝及其合金、钛及其合金、铜及其合金、镍合金、银和铅等。

(1) 硼纤维-铝(或合金)基复合材料。该复合材料是纤维金属基复合材料中研究最成功、应用最广的一种复合材料,由硼纤维和纯铝、形变铝合金、铸造铝合金组成。该复合材料的性能优于硼纤维-环氧树脂复合材料,也优于铝合金和钛合金。具有高的拉伸模量和横向模量,高抗压强度、剪切强度和疲劳强度。主要用于制造飞机或航天器蒙皮、大型壁板等。

(2) 石墨纤维-铝(或合金)基复合材料。该复合材料由Ⅰ型碳纤维与纯铝、形变铝合金、铸造铝合金组成。具有高的比强度和高温强度,在 500℃ 时其比强度为铁合金的 1.5 倍。主要用于航空、航天工业。

(3) 硼纤维-钛合金基复合材料。这类复合材料由硼纤维、改性硼纤维、碳化硅纤维与钛合金组成。具有低密度、高强度、高弹性模量、高耐热性、低膨胀系数,是理想的航空、航天用结构材料。如碳化硅、改性硼纤维和 Ti-6Al-4V 钛合金组成的复合材料,其密度为 $3.6g/cm^3$,比钛还轻;抗拉强度为 $1.21×10^3 MPa$;弹性模量为 $2.34×10^5 MPa$;热膨胀系数为 $(1.39×10^{-6}～1.75×10^{-6})/℃$。目前,硼纤维增强钛合金基复合材料还处于研究和试用阶段。

4) 纤维-陶瓷复合材料

目前,纤维-陶瓷复合材料日益受到人们的重视。由碳纤维或石墨纤维与陶瓷组成的复合材料能大幅度地提高冲击韧性和防热、防震性,降低陶瓷的脆性,而陶瓷又能保持碳(或石墨)纤维在高温下不被氧化,因而具有很高的高温强度和弹性模量。如碳纤维-氮化硅复合材料可在 1400℃ 温度下长期使用,用于制造飞机发动机叶片;又如碳纤维-石英陶瓷复合材料,冲击韧性比烧结石英陶瓷大 40 倍,抗弯强度大 5～12 倍,比强度、比模量成倍提高,能承受 1200～1500℃高温气流冲击,是一种很有前途的新型复合材料。

2. 叠层复合材料

叠层复合材料是两层或两层以上不同材料结合而成。其目的是发挥各组成材料的最佳性能,以得到更为有用的材料。用叠层增强法可使复合材料强度、刚度、耐磨性、耐蚀性、绝热性、隔声性、减轻自重等若干性能分别得到改善。常见叠层复合材料如下:

1) 双层金属复合材料

该材料是将两种不同性能的金属,用胶合或熔合铸造、热压、焊接、喷涂等方法复合在一起以满足某种性能要求的材料。最简单的双层金属复合材料是将两块具有不同热膨胀系数的金属板胶合起来,利用它热胀冷缩的翘曲变形,来测量和控制温度。此外,典型的该类复合材料还有不锈钢-普通碳素钢复合钢板、合金钢-普通钢复合钢板等。

2) 塑料-金属多层复合材料

该类复合材料的典型代表是 SF 型三层复合材料。它是以钢为基体,烧结铜网或铜球为中间层,塑料为表面层的一种自润滑材料。其力学性能取决于基体,而摩擦磨损性能取决于塑料表层。中间层系多孔性青铜,其作用是使三层之间有较强的结合力,且一旦塑料磨损露出青铜亦不致磨伤轴。

3. 颗粒增强型复合材料

1) 颗粒增强复合材料

这类复合材料的典型代表是金属陶瓷和砂轮。它具有高硬度、高强度、耐磨损、耐腐蚀和膨胀系数小等优点。常被用来制造工具,如硬质合金用来做刀具刃部材料,砂轮作为磨削材料。

2) 弥散强化复合材料

这类复合材料由尺寸较小的金属氧化物粒子与金属组成。由于弥散相金属氧化物熔点高、硬而且稳定,使该材料高温力学性能很好,具有较高的抗蠕变性能以及高的高温屈服强度等。

6.3.4　复合材料的成型方法

复合材料的成型方法较多,本节重点介绍纤维增强树脂基复合材料的成型方法。

1. 手糊成型法

手糊成型法是树脂基复合材料生产中最早使用和最简单的一种工艺方法。尽管随着复合材料工业的迅速发展,新的成型方法不断涌现,但在世界各国的树脂基复合材料成型工艺中,该法仍占相当的比例。手糊成型法又称接触成型法,先在经清理并涂有脱模剂的模具上均匀刷上一层树脂,再将纤维增强织物按要求裁剪成一定形状和尺寸,直接铺设到模具上,并使其平整。多次重复以上步骤层层铺贴,制成坯件,然后固化成型。

手糊成型可生产波形瓦、浴盆、储罐、风机叶片、汽车壳体、飞机机翼、火箭外壳等。手糊法的最大特点是以手工操作为主,适用于多品种、小批量生产,且不受尺寸和形状限制;但劳动条件差,产品精度较低,承载能力低。现在世界各国的聚合物基复合材料成型工艺中手糊法仍占相当大的比例。

2. 喷射成型法

喷射成型是将经过特殊处理而雾化的树脂与短切纤维混合并通过喷射机的喷枪喷射到

模具上,至一定厚度时,用压辊排泡压实,再继续喷射,直至完成坯件制作固化成型的方法,如图 6-6 所示。主要用于不需加压、室温固化的不饱和聚酯树脂材料。喷射成型方法生产效率高,劳动强度低,节省原材料,制品形状和尺寸受限制小,产品整体性好;但场地污染大,制件承载能力低。适于制造船体、浴盆、汽车车身等大型部件。

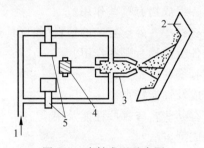

图 6-6　喷射成型示意图
1—气源；2—模具；3—喷枪；4—纤维；5—树脂罐与泵

3. 缠绕成型

缠绕成型是制造具有回转体形状的复合材料制品的基本成型方法。它是将浸渍树脂的纤维,按照要求的方向有规律、均匀地布满芯模表面,然后送入固化炉固化,脱去芯模即可得到所需制品,如图 6-7 所示。该方法的基本设备是缠绕机、固化炉和芯模。

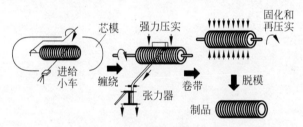

图 6-7　缠绕成型示意图

缠绕成型可按设计要求确定缠绕方向、层数和数量,获得等强度结构,机械化、自动化程度高,产品质量好。目前主要用于缠绕圆柱体、球体及某些回转体制品,但对于非回转体制品,缠绕规律及缠绕设备比较复杂,目前正处于研究阶段。

4. 其他成型方法

树脂基复合材料的成型方法还有模压成型法、注射成型法、拉挤成型法等。模压成型法与注射成型法的工艺过程与塑料成型基本相同。拉挤成型法是将浸渍过树脂胶液的连续纤维束或带状织物,在牵引装置作用下,通过具有一定截面形状的成型模具定型,在模腔内固化成型,出模后加热固化,而制成特定截面形状的复合材料型材。

金属基复合材料和陶瓷基复合材料的成型方法分别与金属材料和陶瓷材料的成型方法类似。金属基复合材料成型过程常常也是复合过程。复合工艺主要有固态法(如扩散结合、粉末冶金)和液相法(如压铸、精铸、真空吸铸等),陶瓷基复合材料的成型方法分为两类。一类是针对短纤维、晶须、晶片和颗粒等增强体,基本采用传统的陶瓷成型工艺,即热压烧结和化学气相渗透法。另一类是针对连续纤维增强体,如料浆浸渍后热压烧结法和化学气相渗透法。

复习思考题

1. 试述常用工程塑料的种类、性能和应用。
2. 塑料的组成有哪些？各组成物有哪些作用？
3. 塑料的成型方法主要有哪些？外形复杂的塑料(如玩具)一般采用何种工艺成型？
4. 橡胶的组成有哪些？各组成物有哪些作用？
5. 橡胶的成型方法主要有哪些？
6. 分析陶瓷材料的相组成及性能特点。
7. 常用工业陶瓷的种类有哪些？有哪些性能及用途？
8. 陶瓷材料主要有哪些成型方法？
9. 复合材料有何性能特点？
10. 常用的复合材料有哪几类？比较分析其性能和用途。
11. 树脂基复合材料主要有哪些成型方法？
12. 在复合材料成型时,手糊成型为什么被广泛采用？它适合于哪些制品的成型？
13. 请举例说明身边的非金属材料是用什么成型工艺制造出来的？

第7章　材料成型方法的选择

7.1　毛坯的类型及制造方法比较

7.1.1　毛坯的类型

机械中的大多数零件都是通过铸造、锻压、焊接等方法获得毛坯,再经过切削加工制成。毛坯按成型工艺不同可分为铸件、锻件、焊接件、冲压件和型材等。

(1) 铸件。对形状较复杂的毛坯,一般可用铸造方法制造。目前大多数铸件采用砂型铸造,对尺寸精度要求较高的小型铸件,可采用特种铸造,如金属型铸造、消失模铸造、压力铸造、熔模铸造和离心铸造等。

(2) 锻件。锻件毛坯由于经锻造后可得到连续和均匀的金属纤维组织,因此其力学性能较好,常用于受力复杂的重要钢质零件。其中自由锻件的精度和生产率较低,主要用于小批生产和大型锻件的制造。模型锻造件的尺寸精度和生产率较高,主要用于产量较大的中小型锻件。

(3) 焊接件。焊接件主要用于单件小批生产和大型零件及样机试制。其优点是制造简单、生产周期短、节省材料、减轻重量。但其抗震性较差,变形大,需经时效处理后才能进行机械加工。

(4) 型材。型材主要有板材、棒材、线材等。常用截面形状有圆形、方形、六角形和特殊截面形状。就其制造方法,又可分为热轧和冷拉两大类。热轧型材尺寸较大,精度较低,用于一般的机械零件。冷拉型材尺寸较小,精度较高,主要用于毛坯精度要求较高的中小型零件。

(5) 冲压件。在机械零件中,冲压件所占的成分有增大的趋势,很多薄壁零件大都是用冲压方法制造出来的。冲压毛坯表面精度较高,可以不再进行机械加工或只进行精加工,生产率较高。主要适用于加工形状复杂、批量较大的板料零件。

(6) 粉末冶金制件。粉末冶金是以金属粉末为原料,用压制成型和高温烧结而成。它具有尺寸精度较高,零件成型后不需再进行切削加工,节省材料,工艺设备简单,适用于大批量生产。但对结构复杂及薄壁、锐角等零件成型困难。

(7) 其他毛坯。其他毛坯包括冷挤件、塑料压制件等。

7.1.2　常用零件毛坯制造方法的比较

常用零件毛坯制造方法的比较见表 7-1。

表 7-1　常用零件毛坯制造方法的比较

毛坯类型	铸件	锻件	焊接件	冲压件
成型特点	液态下成型	塑性变形	永久性连接	塑性变形
结构特征	复杂	简单	轻巧	轻巧、复杂
工艺性要求	流动性好,收缩率低	塑性好,变形抗力小	强度高,塑性好	塑性好,变形抗力小
常用材料	铸铁、铸钢、铝合金	中碳钢及合金结构钢等	低碳钢、低合金钢等	低碳钢、有色金属薄板
组织特征	晶粒粗大疏松	晶粒细小、致密	接头组织不均匀	拉深时流线有变化
力学性能	较差	好	降低	好
材料利用率	高	低	较高	高
生产周期	长	短/长	较短	长
生产成本	较低	较高	中	较低
应用举例	机架、床身	轴、齿轮	车身,船体	油箱

7.2　零件材料及毛坯的选择

　　工程上常用的材料主要有金属材料、高分子材料、陶瓷材料和复合材料等,在众多的可选材料中,如何选择一个能充分发挥材料潜能的适宜材料,一般应考虑以下三个方面:使用性能、工艺性能和经济性。

　　1. 使用性能

　　使用性能是指机械零件(或构件)在正常工作情况下应具备的性能,包括力学性能、物理性能和化学性能等。该性能是保证零件完成规定功能的必要条件。

　　(1)零件服役条件分析。一个零件的使用性能指标是在充分分析了零件的服役条件和失效形式后提出的。零件的服役条件包括:受力状况(拉伸、压缩、弯曲、扭转等)、载荷性质(静载、冲击载荷、循环载荷等)、工作温度(常温、低温、高温等)、环境介质(有无腐蚀介质或润滑剂的存在)、特殊性能要求(导电性、导热性、导磁性、密度等)。

　　(2)性能指标的应用。对零件选材时,要根据零件的服役条件和预期寿命,提出合理的性能指标,然后根据材料的性能和特点进行选材。一般情况下,选材多以力学性能为依据。例如,机床主轴、柴油机连杆、螺栓等受力复杂的零件,要求具有良好的综合性能,应选用45 钢、50 钢等碳素调质钢或 40Cr 钢、30CrMnTi 钢等合金调质钢;热挤压模,工作时除受复杂应力作用之外,还要与炽热的工件接触,随后又受空气、油等的冷却,因此要求材料具有良好的高温力学性能、较高的淬透性、足够的导热性和优良的耐热疲劳性,根据以上要求可选择 5CrNiMo 钢和 5CrMnMo 钢。在某些特殊情况下,材料的物理、化学性能会成为选材的重要依据。例如,飞机为了提高运载能力,需要突出考虑材料的单位质量强度,优先选用密度小、强度高的铝镁合金制作零件;变压器铁芯要求选用导磁性能好的硅钢片;化工容器与管道需要承受酸、碱的腐蚀,常选用不锈钢与塑料等耐蚀性优良的材料。

　　以性能指标作为判据选择材料时,应充分考虑试验条件与实际工作条件的差别、热处理工艺改变组织后对性能指标的影响及形状尺寸效应等带来实际情况与实验数据之间的偏差。所以应对手册数据进行适当修正,用零件作模拟试验后,提供更可靠的选材保证。

　　2. 工艺性能

　　材料的工艺性能是指材料适应各种加工方法的能力。材料工艺性能的好坏,对零件加工的难易程度、生产效率高低、生产成本大小和质量等起重要作用。因此,在根据使用性能选择毛坯的同时,必须兼顾材料的工艺性能,以利于在一定生产条件下,方便经济地得到合格产品。

高分子材料、陶瓷材料的工艺路线较简单,而金属材料的工艺路线复杂,但适应性能很好。金属材料常用的加工方法有铸造、压力加工、焊接、切削加工等,热处理是作为改善机械加工性和使零件得到所要求的性能而安排在有关工序之间的。几种重要的材料工艺性能如下。

(1) 铸造性能:包括流动性、收缩、偏析和吸气性等;

(2) 锻造性能:包括塑性、变形抗力、抗氧化性、冷镦性等;

(3) 焊接性能:形成冷裂或热裂的倾向、形成气孔的倾向等;

(4) 机械加工性:粗糙度、切削加工性等;

(5) 热处理工艺性:包括淬透性、变形开裂倾向、过热敏感性、回火脆性倾向、氧化脱碳倾向和冷脆性等。

通过改变工艺规范,调整工艺参数,改进刀具、设备、变更热处理方法等途径,可以改善金属材料工艺性能。

与使用性能的要求相比,工艺性能处于次要地位;但在某些情况下,工艺性能也可成为主要考虑的因素。当工艺性能和使用性能相矛盾时,正是工艺性能的考虑使得某些力学性能显然合格的材料不得不舍弃,此点对于大批量生产的零件特别重要。因为在大量生产时,工艺周期的长短和加工费用的高低,常常是生产的关键。例如,为了提高生产效率,而采用自动机床实行大量生产时,零件的切削性能可成为选材时考虑的主要问题,此时,在满足使用性能的前提下,应选用易切削钢之类的材料,尽管它的某些性能并不是最好的。

3. 经济性

零件选材时除了首先满足使用性能要求和兼顾工艺性能外,还必须考虑零件的经济性,使零件生产和使用的总成本最低。总成本与零件的寿命、质量、加工、研究和维修费用以及材料价格等有关,单纯根据材料价格高低或材料性能优劣来决定选材方案的观点都是片面的。为使选材和设计工作做得更合理,选材时要利用各种资料,对总成本进行分析。主要从以下几方面考虑:

(1) 材料本身的相对价格。在满足使用要求的前提下,选用价格低廉的材料。

(2) 材料的利用率。采用能提高材料利用率的加工工序。例如,采用无切屑或少切屑毛坯(如精铸、模锻、冷拉毛坯等),可减少材料消耗,提高材料的利用率。

(3) 降低管理成本。对材料品种和规格的选用加以归纳、综合,减少品种数量;以就近、就便为原则,充分考虑材料供应状况,减少库存积压,降低运输费用,避免大量进口。

(4) 选用简化加工工序的材料。例如,使用冷轧、冷拔等加工硬化状态下的钢材,或经过控制扎制后无需热处理即可满足性能要求的材料。

(5) 根据零件不同部位的要求选用不同的材料。采用焊接、堆焊、喷涂或组合结构连接成一个整体,以节省贵重材料。

(6) 结合具体生产条件。选定毛坯制造方法时,应分析本企业的设备条件和技术水平,实施切实可行的生产方案。随着现代化工业发展,产品和零件的生产将进一步向专业化方向发展,除本企业进行设备更新和改造外,打破自给自足的小生产观念。在企业条件不具备时,大胆走协作之路。

7.3　常用零件毛坯成型方法的选择

一般情况下,零件材料确定后,其成型方法就基本确定了,如铸造材料应选用铸造成型;薄板材料应选用冲压成型;塑料可选择注塑成型;陶瓷应选用压制、烧结成型。但往往一种材料可由一种或几种不同成型方法加工成型,每一种成型方法又有不同的工艺措施,成型工艺选择得是否合理,将影响产品质量、经济效益和生产率。材料成型方法的选择主要应考虑下列因素。

1. 零件性能

(1) 零件的使用性能。零件的使用性能不但是选材的主要依据,而且还是选材成型方法的主要依据。例如材料为45钢的齿轮零件,当其力学性能要求一般时,可采用铸造成型工艺生产铸钢件,而力学性能要求高时,则应选压力加工成型工艺,使零件具有均匀细小晶粒的再结晶组织,并且可以合理利用流线,综合力学性能好。汽车齿轮要承受冲击载荷,要求齿轮材料具有更好的塑性、韧性,一般选用合金渗碳钢20CrMnTi等材料,闭式模锻成型,并且还要表面硬化处理。

当零件要求抗腐蚀、耐磨、耐热等特殊性能时,应根据不同材料选择不同成型方法。如耐酸泵的叶轮、壳体等零件,若选用不锈钢制造,则只能用铸造成型;如选用塑料,则可用注塑成型;如要求其既耐蚀又耐热,那么就应选用陶瓷材料制造,并相应地选用注浆成型工艺等。

(2) 材料的工艺性能。材料的工艺性能也是决定成型方法的主要因素。例如铁路道岔,材料为ZGMn13,一般采用砂型铸造,而飞机发动机叶片,材料为镍基耐热合金,铸造性能很差,需采用熔模铸造;有色金属的焊接宜选用氢弧焊焊接工艺,而不宜用普通的焊条电弧焊;工程塑料中的聚四氟乙烯,尽管它也属于热塑性塑料,但因其流动性差,故不宜采用注塑成型工艺,而只宜采用压制加烧结的成型工艺。

2. 零件的形状和精度

(1) 零件的形状和大小。常见机械零件按其结构形状特征和功能,可以分为轴杆类、盘套类、机架箱体类等。对于拨叉、箱体等形状比较复杂零件常选用铸造成型;形状复杂和薄壁的零件不宜采用金属型铸造;尺寸较大的毛坯,不宜采用模锻、压铸和精铸,多采用自由锻造和砂型铸造;形状复杂的小零件宜采用熔模铸造方法;同为轴类钢件,直径相差不大的中小阶梯轴宜采用棒料,相差较大时宜采用锻件;而大型汽轮机转子则必须经冶炼铸锭、锻造成型。

有些大型机械零件的毛坯用单独的锻或铸造方法无法制造,则采用以小拼大的方法,即将整体毛坯分解成几部分,分别锻造或铸造,然后焊接在一起。随着复合工艺的出现,采用两种以上方法制造毛坯的铸—锻、铸—焊、锻—焊、冲—焊、铸—锻—焊结构零件也不断出现。

(2) 零件精度。不同的成型方法所能达到的精度等级是不同的,应根据零件的精度要求选择经济合理的成型方法。若产品为铸件,则尺寸精度要求不高的可采用普通砂型铸造;而尺寸精度要求较高的,可选用熔模铸造、压力铸造及低压铸造等成型工艺。若产品为锻件时,则尺寸精度要求低的多采用自由锻造成型；而精度要求较高的则选用模锻成型、挤压成型等工艺。若产品为塑料制件时,则精度要求低的多选用中空吹塑工艺；而精度要求高的则选用注塑成型工艺。

3. 生产类型和生产条件

(1) 生产类型。生产类型一般根据零件年产量分为单件小批量生产、成批生产和大批量生产。一般来说,在单件小批量生产中,应选择常用材料、通用设备和工具、精度和生产率较低的生产方法。这样,毛坯的生产周期短,能节省生产准备时间和工艺装备的设计制造费用。铸件应优先选用灰铸铁材料和手工砂型铸造方法,对于锻件应优先选用碳素结构钢材料和自由锻造方法；选用低碳钢材料和焊条电弧焊方法制造焊接结构毛坯。

在大批量生产中,应选择专用材料、专用设备和工具、高精度高生产率的生产方法。虽然专用的材料和工艺装备增加了费用,但材料用量和切削加工量会大幅度下降,总的成本比较低,生产率和精度较高。对于有色合金铸件应优先选用金属型铸造、压力铸造及低压铸造；如大批量生产锻件时,应选用模锻、冷轧、冷拔及冷挤压等成型工艺；大批量生产尼龙制件,宜选用注塑成型工艺；对于焊接结构应优先选用低合金高强度结构钢材料和机械化焊接方法。

(2) 生产条件。生产条件是指生产产品的设备能力、人员技术水平等。只有实际生产条件能够实现的生产方案才是合理的方案。例如车床上的油盘零件,通常该件是用薄钢板在压力机下冲压成型,但如果现场条件不够：既没有薄板材料,亦没有大型压力机对薄板进行冲压时,则不得不采用铸造成型来生产油盘件(其壁比冲压件应加厚)；当现场有薄板,但没有大型压力机对薄板进行冲压时,则可选用经济可行的旋压成型工艺来代替冲压成型。

4. 充分采用新材料、新技术和新工艺

随着工业市场的需求日益增大,用户对产品品种和质量更新的要求越来越高,扩大了新工艺、新技术和新材料应用范围,生产类型由大批大量变为多品种、小批单件生产。因此,为了缩短生产周期,更新产品类型,提高产品质量,增强产品市场竞争能力,在可能的条件下应大量采用新材料,并采用精密铸造、精密锻造、精密冲裁、液态模锻、超塑成型、注塑成型、粉末冶金、复合材料成型等新技术、新工艺。"毛坯"与"零件"的界限越来越小,"净成型"工艺广泛采用。

在实际生产中,应该综合考虑各个方面,根据实际情况确定最佳成型方法,实现"优质、高效、低耗"的目标。

7.3.1　盘套类零件

盘套类零件的结构特点是零件长度一般小于直径或两个方向尺寸相差不大。属于该类零件的有各种齿轮、带轮、飞轮、模具、联轴器、法兰盘、套环、轴承环和手轮等,如图 7-1 所示。

此类零件在机械中的使用要求和工作条件差异较大,因此所用材料和毛坯各不相同。受力不大的带轮、飞轮、手轮,结构复杂或以承压为主的零件,一般采用铸铁件,单件生产时也可采用低碳钢焊接件；法兰和套环等零件,根

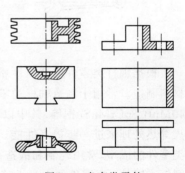

图 7-1　盘套类零件

据形状、尺寸和受力等因素,可分别采用铸铁件、锻钢件或圆钢为毛坯,厚度较小者在单件或小批量生产时,也可直接用钢板下料。

以齿轮为例。齿轮是机械工业中应用最广泛的零件之一,它主要用于传递动力、调节速度和改变运动方向。一对齿轮啮合运动时,其受力状况是:齿根承受较大的交变弯曲应力;在启动、变速或啮合不良时轮齿受到一定冲击载荷;齿面承受很大的接触疲劳应力和摩擦。齿轮容易出现的失效形式有齿根疲劳断裂、齿面疲劳点蚀、齿面磨损和齿体的塑性变形。因此作为齿轮材料应满足:弯曲疲劳强度和接触疲劳强度好;齿面硬度高,耐磨性好;齿轮心部有足够高的强度和韧性。齿轮材料选用时,主要根据齿轮受载的性质与大小、工作环境、尺寸大小及转速快慢等方面去分析。常用齿轮的材料有:锻钢,包括中碳结构钢和渗碳钢,这是齿轮制造中应用最广泛的一类材料;铸钢,主要用于尺寸较大、形状较复杂的齿轮(如ZG270-500、ZG310-370);铸铁,主要适用于轻载、低速、不受冲击和较难进行润滑的齿轮;铜合金,主要用于仪器仪表等要求有一定耐蚀性的轻载齿轮(即主要用于传递运动);非金属材料,用于受力不大、润滑条件较差和一定耐蚀性要求的小型齿轮。

7.3.2　轴杆类零件

轴杆类零件一般为回转体零件,其轴向尺寸远大于径向尺寸。在机械装置中,该类零件主要用来支承传动零件(如齿轮等)和传递扭矩。按照承载状况不同,轴可分为转轴(承受弯矩和扭矩)、心轴(主要承受弯矩)和传动轴(承受转矩)三大类。

轴是机械设备中的基础零件之一,常用的轴有主轴、曲轴、花键轴和齿轮轴等,其主要功能是传递动力和运动,如图 7-2 所示。轴在运转时,要承受交变的弯曲应力和扭转应力,有时还有不同程度的冲击载荷。其中除了固定心轴外,所有作回转运动的轴所受应力都是对称循环变化的,轴上的花键、轴颈等部位与轴上的花键孔、滑动轴承之间存在摩擦磨损。轴的失效形式主要有磨损、尺寸变化和疲劳断裂。为满足工作条件的要求,对轴类零件要求如下:具有高的强度、足够的刚度及良好的韧性,以防止过载或冲击断裂和过量变形;具有高的疲劳极限,防止疲劳断裂;有摩擦部位,如轴颈、花键等处,应具有较高的硬度和耐磨性,防止其磨损;具有好的淬透性等。

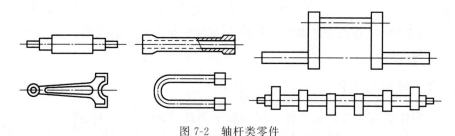

图 7-2　轴杆类零件

根据轴杆类零件的载荷性质和大小、转速高低、尺寸大小与精度要求不同,可选用多种材料制造。常用于制造轴杆类零件的材料为低、中碳的碳钢和合金钢,如 30、35、45、40Cr、40MnB、30CrMnSi 钢等,其中以 45、40Cr 钢应用较多。同时还要进行正火、调质和表面淬火等热处理来进一步提高性能。对高精度、高速运转的轴可选用氮化钢 38CrMoAl。轴杆类零件的成型,常用轧制和锻造。光滑轴一般选用圆钢;阶梯轴应根据阶梯直径之比,选用圆钢或锻件;当零件的力学性能要求较高时,常用锻造。单件或小批量生产的轴用自由锻造；成批生产的中小型轴常选用模锻；对大型复杂的轴可用锻-焊复合工艺。

7.3.3　机架、箱体类零件

机架、箱体类零件一般结构复杂，有不规则的外形和内腔，壁厚不均，质量从几千克直至数十吨。这类零件包括各种机械的机身、底座、支架、横梁、工作台以及齿轮箱、轴承座阀体等，如图 7-3 所示。它们工作条件相差很大，一般的基础零件，如机身、底座、齿轮箱等，以承压为主，要求较好的刚度和减震性；有些机身、支架同时受压、拉和弯曲应力的联合作用，甚至有冲击载荷，如工作台和导轨等零件，要求有较好的耐磨性；齿轮箱、阀体等箱体类零件，要求有较大的刚度和密封性。

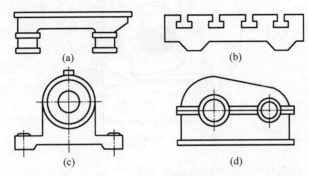

图 7-3　机架、箱体类零件

(a) 床身；(b) 工作台；(c) 轴承座；(d) 减速箱体

箱体类零件一般具有形状复杂、体积较大、壁薄等特点，大多选用铸铁件；承载较大的箱体可采用铸钢件；要求质量轻、散热良好的箱体(飞机发动机汽缸体等)可采用铝合金铸造；单件小批量生产时，可采用各种钢板焊接而成。

7.3.4　毛坯选择应用实例

1. 小型汽油发动机

如图 7-4 所示，小型汽油发动机主要支承件是缸体和缸盖。缸体内有气缸，缸内有活塞(其上带活塞环及活塞销)、连杆、曲轴及轴承；缸体的右侧面有凸轮轴；背面有离合器壳、飞轮(图中未画出)等；缸体底部为油底壳。缸盖顶部有进排气门、挺杆、摇臂、机油滤清器；右上部为配电器；左上部为汽化器及火花塞。

发动机工作时，首先由配电系统控制汽化器及火花塞点火，使气缸内的可燃气体燃烧膨胀，产生很大的压力，使活塞下行，借助连杆将活塞的往复直线运动转变为曲轴的回转运动，并通过曲轴上的飞轮储蓄能量，使其转动平稳连续，再通过离合器及齿轮传动机构，即可用发动机的动力驱动汽车行驶。发动机中的凸轮轴、挺杆、摇臂系统用来控制进、排气门的实时开闭，周期性地实现进气、点火燃烧、膨胀、活塞下行推动曲轴回转、活塞上升、排气等连续不断地进行工作循环。

发动机上各主要零件的材料及成型工艺选择如下。

1) 缸体、缸盖

它们具有复杂内腔，且为基础支承件，有吸震性的要求，在批量生产条件下，选用

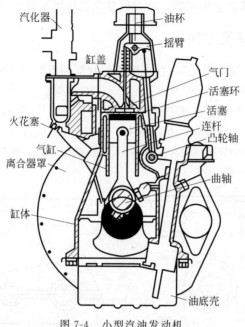

图 7-4　小型汽油发动机

HT200 灰铸铁材料,机器造型、砂型铸造成型工艺。

　　但如果是用在摩托车、快艇或飞机上的发动机缸体、缸盖,由于要求质量轻,则常选用铸造铝合金材料,并根据生产类型和耐压要求,选用低压铸造或压力铸造。

　　2) 曲轴、连杆、凸轮轴

　　一般采用珠光体球墨铸铁,机器造型、砂型铸造成型工艺。当毛坯尺寸精度要求高时,亦可选用熔模铸造成型;如果受冲击负荷较大,力学性能要求高时,可采用 45 钢模锻成型。

　　3) 活塞

　　目前国内外生产汽车活塞最普遍的成型工艺是用铸造铝合金进行金属型铸造成型。对于船用大型柴油发动机的活塞常采用铝合金低压铸造成型,以达到较高的内部致密度和力学性能。

　　4) 活塞环

　　活塞环是箍套在活塞外圆表面的环槽中,并与气缸壁直接接触,进行滑动摩擦的零件。要求其有良好的减摩和自润滑特性,并应承受活塞头部点火燃烧所产生的高温和高压,而且其本身形状为薄片环形件,一般多采用经过孕育处理的孕育铸铁 HT250,机器造型、砂型铸造成型工艺。

　　5) 摇臂

　　摇臂承受频繁的摇摆及点击气门挺杆的作用力,应有一定的力学性能和抗疲劳强度,并且与挺杆接触的头部要求耐磨,同时摇臂除孔进行机械加工外,其外形基本不加工,故要求毛坯的形状和尺寸精度较好,因此多选用铸造碳钢精密铸造成型。

　　6) 离合器壳及油底壳

　　它们均系薄壁件,其中油底壳受力要求低,但要求铸造性能好,可采用普通灰铸铁,而离合器壳多选用孕育铸铁或铁素体球铁,它们均用机器造型、砂型铸造成型。要求质量轻时,可用铸造铝合金,选用压力铸造和低压铸造成型,还可用薄钢板冲压成型。

7) 飞轮

飞轮承受较大的转动惯量,应有足够的强度,一般采用孕育铸铁或球墨铸铁机器造型、砂型铸造成型。但对于高速发动机(如轿车上的发动机)的飞轮,因转速高,则需选用 45 钢闭式模锻成型。

8) 进、排气门

进气门承受温度不高,一般用 40Cr 钢,而排气门则需在 600℃ 以上的高温下持续工作,多用含氮的耐热钢制造,其成型工艺目前国内仍以冷轧圆钢进行电墩头部法兰,并用模锻终锻成型的工艺。而先进的成型工艺为用热轧粗圆钢进行热挤压成型的工艺。

9) 曲轴轴承及连杆轴承

轴承为滑动轴承,多采用减磨性能优良的铸造铜合金(如 ZCuSn5Pb5Zn5 等)离心铸造或真空吸铸等成型工艺,或采用轧制成型的铝基合金轴瓦。

10) 汽化器

汽化器是形状十分复杂的薄壁件,且铸造后不需进行切削加工就直接使用,因此对毛坯的精度要求高,多采用铸造铝合金压力铸造成型。

除此之外,发动机还用到了除金属以外的材料,如缸盖与缸体的密封垫,就是用石棉板冲压成型的,多种密封圈是采用橡胶压塑成型;一些在无油润滑工作条件下的活塞环可用自润滑性能良好的聚四氟乙烯塑料进行压制及烧结成型;对要求耐磨、耐热的气门座圈,采用粉末冶金压制成型等。

2. 承压油缸毛坯

承压油缸如图 7-5 所示,液压油缸材料为 45 钢,工作压力为 15MPa,要求水压实验压力为 3MPa,年产量 200 件。两端法兰结合面及内孔要求切削加工,加工表面不允许有缺陷,其余外圆面不加工。现就承压液压缸毛坯的形成方法作如下分析。

1) 圆钢切削加工

采用 45 钢 $\phi150$mm 棒料,经切削加工形成,产品可全部通过水压试验,但材料利用率低,切削余量较大,生产成本高。

2) 砂型铸造

选用砂型铸造形成,可以水平浇注或垂直浇注,如图 7-6 所示。

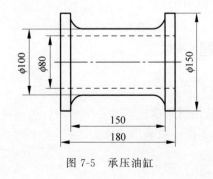

图 7-5　承压油缸

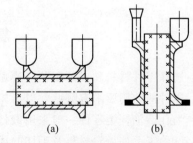

图 7-6　油缸铸造工艺简图
(a) 水平浇注;(b) 垂直浇注

水平浇注时在法兰顶部安装冒口。该方案工艺简便,节省材料,切削加工余量小,但内孔质量较差,水平实验的合格率低。

垂直浇注时在法兰处安置冒口,下部法兰处安置冷铁,使之定向凝固。该方案提高了内孔的质量,但工艺比较复杂,也不能全部通过水压试验。

3) 模锻

选用模锻形成,锻件在模膛内有立放、卧放之分,如图 7-7 所示。

锻件立放时能锻出孔(有连皮),但不能锻出法兰,外圆的切削加工余量大。

锻件卧放时,能锻出法兰,但不能锻出孔,内孔的切削加工余量大。

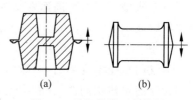

图 7-7　油缸模锻工艺简图
(a) 立放；(b) 卧放

锻件的质量好,能全部通过水压试验,但需要模锻设备和模具,生产成本高。

4) 胎膜锻

胎膜锻件如图 7-8 所示。胎膜锻件可选用 45 钢坯料在空气锤上经镦粗、冲孔、带心轴拔长等自由锻工序完成初步形成,然后在胎模内带心轴锻出法兰,最终成型。与模锻相比较,胎模锻既能锻出孔又能锻出法兰,设备简单,锻件能全部通过水压试验。但生产率较低,劳动强度较大。

5) 焊接成型

选用 45 钢无缝钢管,按承压液缸尺寸在其两端焊上 45 钢法兰,得到焊接毛坯,如图 7-9 所示。采用焊接工艺既节省材料又简化工艺,但难找到合适的无缝钢管。

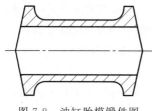　　　　　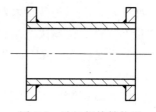

图 7-8　油缸胎模锻件图　　　　　图 7-9　油缸焊接结构图

综上所述,采用胎模锻成型比较好,产品能满足使用要求,且成本低。但若有合适的无缝钢管,采用焊接结构毛坯更经济方便。

复习思考题

1. 选择零件材料和成型工艺应遵循哪些原则?

2. 零件的使用要求有哪些? 以齿轮为例说明其使用要求。

3. 为什么轴杆类零件一般采用锻件,而机架类零件一般采用铸件?

4. 试确定下列齿轮材料及毛坯的成型方法:

(1) 承受冲击的高速重载齿轮;

(2) 农机用受力小无润滑大型直齿圆柱齿轮。

5. 试确定下列轴类零件及毛坯的成型方法：

(1) 小齿轮(ϕ40mm)，无需润滑，中批生产；

(2) 齿轮(ϕ180mm)，高速重载，大批生产；

(3) 钟表齿轮(ϕ12mm)，大量生产。

6. 常用的毛坯成型方法有哪些？各有何特点？

参 考 文 献

[1]　师昌绪.材料大辞典[M].北京:化学工业出版社,1994.

[2]　曾宗福.工程材料及其成型[M].北京:化学工业出版社,2004.

[3]　杨桢.金属工艺学[M].徐州:中国矿业大学出版社,2008.

[4]　邓文英.金属工艺学[M].5版.北京:高等教育出版社,2008.

[5]　赵升吨.材料成型技术基础[M].北京:电子工业出版社,2013.

[6]　赵立红.材料成型技术基础[M].哈尔滨:哈尔滨工程大学出版社,2018.

[7]　陈祝年.焊接工程师手册[M].北京:机械工业出版社,2002.

[8]　鞠鲁粤.工程材料与成型技术基础[M].北京:高等教育出版社,2007.

[9]　王英杰,金升.金属材料及热处理[M].2版.北京:机械工业出版社,2016.

[10]　练勇,姜自莲.机械工程材料与成型工艺[M].重庆:重庆大学出版社,2015.

[11]　王英杰.金属工艺学[M].2版.北京:机械工业出版社,2017.

[12]　庞国星.工程材料与成型技术基础[M].3版.北京:机械工业出版社,2018.

[13]　机械工程手册编委会.机械工程师手册[M].3版.北京:机械工业出版社,2007.

[14]　何红媛,周一丹.材料成型技术基础[M].南京:东南大学出版社,2015.

[15]　徐萃萍,赵树国.工程材料与成型工艺[M].北京:冶金工业出版社,2010.

[16]　张建国.工程材料与成型工艺[M].北京:科学出版社,2004.

[17]　杨眉,王斌,张先菊.工程材料及成型工艺[M].北京:化学工业出版社,2010.

[18]　刘颖,李树奎.工程材料及成型技术基础工艺[M].北京:北京理工大学出版社,2009.

[19]　刘春廷,汪传生,马继.工程材料及成型工艺[M].西安:西安电子科技大学出版社,2009.

[20]　王纪安.工程材料与成型工艺基础(修订版)[M].北京:高等教育出版社,2009.

[21]　苏德胜,张丽敏.工程材料与成型工艺基础[M].北京:化学工业出版社,2008.

[22]　杨红玉,刘长青.工程材料与成型工艺[M].北京:北京大学出版社,2008.

[23]　冀秀焕,唐建生.工程材料与成型工艺[M].2版.武汉:武汉理工大学出版社,2007.

[24]　任家隆,丁建宁.工程材料及成型技术基础[M].2版.北京:高等教育出版社,2019.

[25]　翟封祥.材料成型工艺基础[M].哈尔滨:哈尔滨工业大学出版社,2018.

[26]　王少刚.工程材料与成型技术基础[M].2版.北京:国防工业出版社,2016.

[27]　刘建华.材料成型工艺基础[M].3版.西安:西安电子科技大学出版社,2016.